室内设计
节点构造图集

墙面常用材料与施工

冯莎　龚娟娟　编著

化学工业出版社

·北京·

内容简介

本书涵盖墙面涂料、人造装饰板、壁纸（布）、石材、玻璃及软硬包等九种常见的墙面材料。其中针对不同的墙面材料，对应不同的专题进行拓展，具体包括材质分类、施工工艺以及搭配技巧。为了使读者能够更加直观地了解工艺效果，书中使用三维模型帮助理解，将施工步骤拆分细化，分步骤细致讲解，最后将三维模型图转换成二维施工节点图。这种三维模型图、二维施工节点图、实景图串联的表达形式，既能够方便读者明确理解复杂的工艺和节点，也能够使读者对施工流程进行严格把握。

本书图文并茂，实用性强，可供设计师、设计专业的学生以及施工人员进行学习和参考。

图书在版编目（CIP）数据

室内设计节点构造图集. 墙面常用材料与施工 / 冯莎，龚娟娟编著. —北京 ：化学工业出版社，2023.10
ISBN 978-7-122-43783-9

Ⅰ．①室… Ⅱ．①冯… ②龚… Ⅲ．①住宅-墙面装修-室内装饰设计-图集 Ⅳ．①TU241-64

中国国家版本馆CIP数据核字 (2023) 第128780号

责任编辑：王 斌 冯国庆
责任校对：宋 玮   装帧设计：韩 飞

出版发行：化学工业出版社（北京市东城区青年湖南街13号 邮政编码100011）
印 装：盛大（天津）印刷有限公司
880mm×1230mm 1/16 印张15 字数300千字 2023年10月北京第1版第1次印刷

购书咨询：010-64518888   售后服务：010-64518899
网 址：http ://www.cip.com.cn
凡购买本书，如有缺损质量问题，本社销售中心负责调换。

定 价：98.00元

前 言
PREFACE

随着科学技术的进步、人们生活水平的提高以及建筑行业的不断发展，室内设计所涉及的领域范围越来越宽阔和复杂。其中，深化设计贯穿整个室内设计，一名合格的深化设计师既要具备专业的方案设计能力，也要懂得施工工艺和施工流程及完成面的施工效果。深化设计的前提是对节点的深度理解，把节点"翻译"成施工图供从业人员使用。清晰的施工图能够显著提高施工环节的效率，反之为了"凑数"的施工图注定没有精神内容，也难以形成整体空间的装饰语言。墙面作为室内空间的实体边界，是建筑室内面积最大的区域。墙面的装饰节点构造对整个空间影响巨大，墙面装饰效果的好坏直接关系到整体空间的美观性及实用性，需要着眼于墙面节点细节。

本书根据墙面上的常用材料分为九章，包括墙面涂料、人造装饰板、壁纸（布）、石材、金属、玻璃、砖材、软硬包、钢结构及砌体结构隔墙九种材料在墙面上的整体涂刷、拼接以及细部空间的节点。全书以实景图的形式向读者直观展示完成面施工工艺效果，并以实景图作为切入点，将隐藏在完成面之下的结构进行直观展现，并转化为二维施工节点图，有利于深化设计师、设计专业学生以及施工人员厘清施工逻辑，绘制不同施工工艺、材料的 CAD 施工图，使得施工图的绘制不再成为这些人群工作以及学习的痛点。帮助读者厘清施工逻辑的同时，书中还针对每种材料进行了专题整理，包括对墙面施工材料再向下级细致分类，并以拓扑图的形式直观呈现出材料的上下级关系及适用空间范围；分析不同施工工艺的优缺点；最后配合案例介绍不同搭配技巧。这样既能帮助读者了解材料的基本特征、使用空间和选购技巧，又能使读者学习到不同工艺的使用情景，还能在工作或学习上为读者提供灵感辅助。

本书内容适用性和实际操作性较强，主要供设计师、设计专业的学生以及施工人员进行学习和参考。节点图中的尺寸都是一般情况下的常见尺寸，仅供参考，具体施工尺寸要参考施工现场的实际情况。因编者能力有限，若书中有不足和疏漏之处，还请广大读者给予反馈意见，以便做进一步的修改和完善。

编者

目 录
CONTENTS

墙面涂料

　　墙面涂料属于饰面材料的一种，其施工简单，能突出整体装饰效果，容易翻新，成本较低，可满足各种场景需求，还能起到延长建筑墙面寿命的作用，在室内设计中是墙面装饰材料使用频率最高的一种。室内装饰工程使用的涂料根据装饰性的不同可分为三种类型：基础涂料、环保涂料和艺术涂料。基础涂料的代表是乳胶漆，其使用频率最高，是家装必备主要材料；环保涂料以硅藻泥为典型代表，能够净化或吸附甲醛；艺术涂料主要注重装饰效果，可以发挥想象力，充分展示个性。

第一章

节点1. 卡式龙骨基层乳胶漆墙面

施工步骤

浅灰色乳胶漆与白色乳胶漆搭配，相比全白色墙面，可以减少单调和死板的感觉，赋予空间变化性又不会过于突出。

步骤1：
固定卡式龙骨

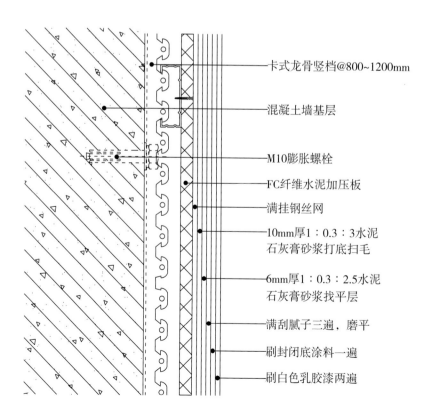

卡式龙骨竖档@800~1200mm

混凝土墙基层

M10膨胀螺栓

FC纤维水泥加压板

满挂钢丝网

10mm厚1：0.3：3水泥石灰膏砂浆打底扫毛

6mm厚1：0.3：2.5水泥石灰膏砂浆找平层

满刮腻子三遍，磨平

刷封闭底涂料一遍

刷白色乳胶漆两遍

转换成节点图

卡式龙骨基层乳胶漆墙面节点图

步骤2：
挂网及打底扫毛

步骤3：
水泥砂浆做找平

步骤4：
腻子满批

混凝土墙基层

卡式龙骨横档

步骤6：
刷乳胶漆

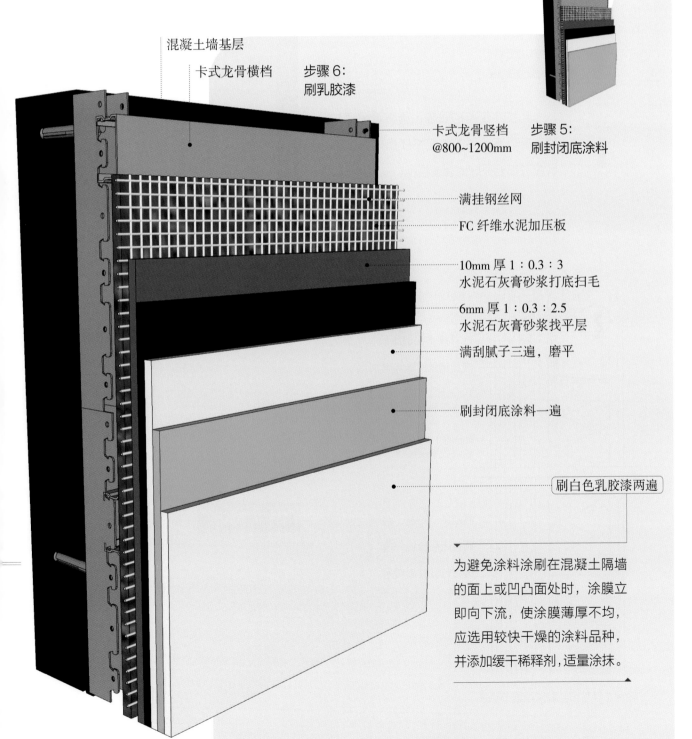

卡式龙骨竖档
@800~1200mm

步骤5：
刷封闭底涂料

满挂钢丝网

FC 纤维水泥加压板

10mm 厚 1：0.3：3
水泥石灰膏砂浆打底扫毛

6mm 厚 1：0.3：2.5
水泥石灰膏砂浆找平层

满刮腻子三遍，磨平

刷封闭底涂料一遍

刷白色乳胶漆两遍

为避免涂料涂刷在混凝土隔墙的面上或凹凸面处时，涂膜立即向下流，使涂膜薄厚不均，应选用较快干燥的涂料品种，并添加缓干稀释剂，适量涂抹。

节点 2. 轻钢龙骨基层乳胶漆墙面

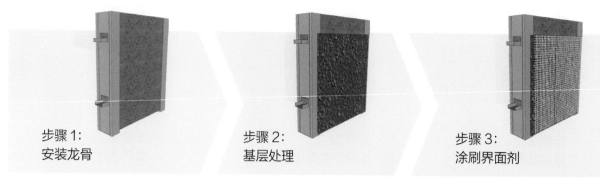

步骤 1：
安装龙骨

步骤 2：
基层处理

步骤 3：
涂刷界面剂

施工步骤

乳胶漆亚光的质感，透露着闲适与简约，所以不论是简约风格还是轻奢风格，乳胶漆都能很好地营造氛围。

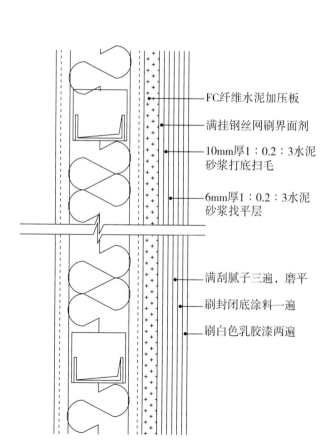

FC纤维水泥加压板

满挂钢丝网刷界面剂

10mm厚1：0.2：3水泥砂浆打底扫毛

6mm厚1：0.2：3水泥砂浆找平层

满刮腻子三遍，磨平

刷封闭底涂料一遍

刷白色乳胶漆两遍

转换成节点图

轻钢龙骨基层乳胶漆墙面节点图

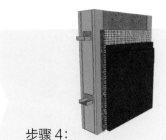

步骤4:
水泥砂浆做找平

步骤5:
满刮腻子

步骤6:
刷封底涂料

步骤7:
涂刷白色乳胶漆

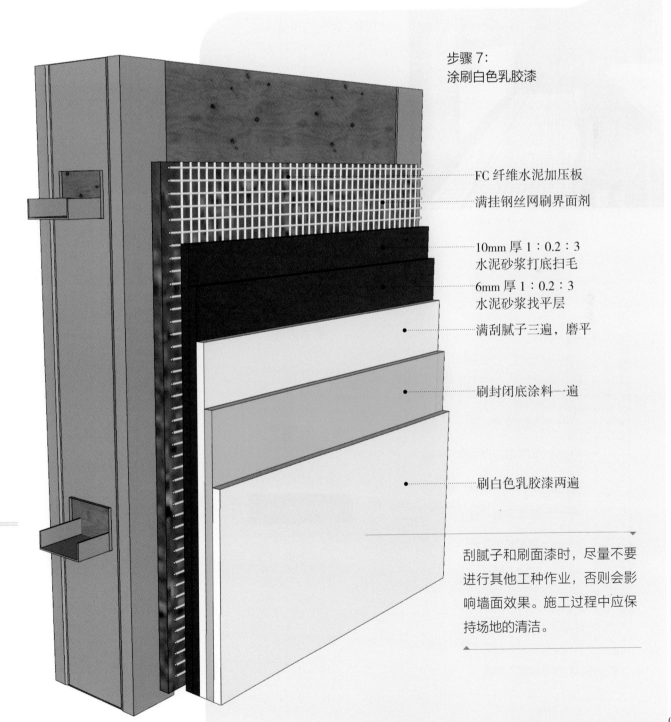

FC 纤维水泥加压板

满挂钢丝网刷界面剂

10mm 厚 1：0.2：3
水泥砂浆打底扫毛

6mm 厚 1：0.2：3
水泥砂浆找平层

满刮腻子三遍，磨平

刷封闭底涂料一遍

刷白色乳胶漆两遍

刮腻子和刷面漆时，尽量不要进行其他工种作业，否则会影响墙面效果。施工过程中应保持场地的清洁。

节点 3. 纸面石膏板基层乳胶漆墙面

施工步骤

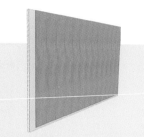

步骤 1：
满刮腻子

复古的墨绿色乳胶漆涂满墙面，让原本黑白两色的空间变得有质感，加上金色灯具的点缀，营造出优雅、时尚的用餐环境。

纸面石膏板 ....

胶水溶解一遍 ....

转换成节点图

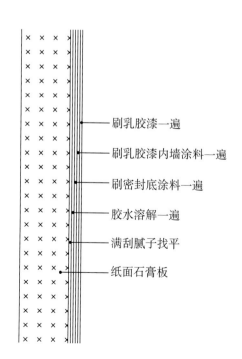

—— 刷乳胶漆一遍
—— 刷乳胶漆内墙涂料一遍
—— 刷密封底涂料一遍
—— 胶水溶解一遍
—— 满刮腻子找平
—— 纸面石膏板

纸面石膏板基层乳胶漆墙面节点图

步骤2：
刷胶水

步骤3：
刷密封底涂料

步骤4：
刷乳胶漆内墙涂料打底

步骤5：
刷外层乳胶漆

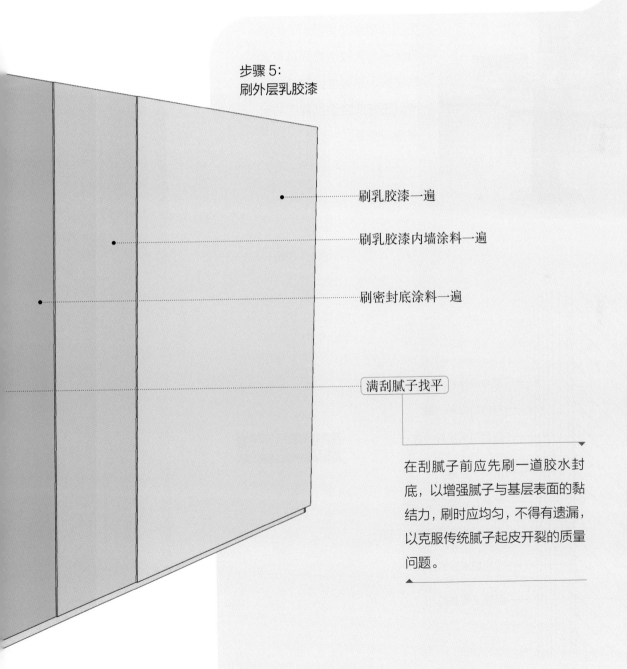

刷乳胶漆一遍

刷乳胶漆内墙涂料一遍

刷密封底涂料一遍

满刮腻子找平

在刮腻子前应先刷一道胶水封底，以增强腻子与基层表面的黏结力，刷时应均匀，不得有遗漏，以克服传统腻子起皮开裂的质量问题。

节点4. 混凝土基层乳胶漆墙面

施工步骤

因为餐厅与厨房空间的功能特性，所以需要保证墙面耐水性，即保证涂层内外湿度相差比较大的时候，避免出现起泡的情况。同时混凝土基层乳胶漆墙面具有透气性好、耐碱性强的特点，所以正好适合涂刷餐厅与厨房空间墙面。

步骤1：
处理基层及刷胶水

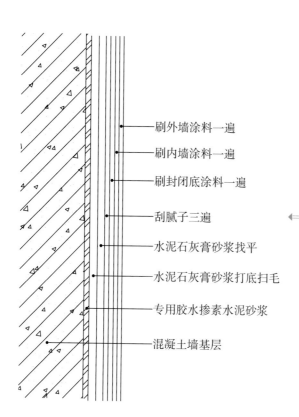

刷外墙涂料一遍

刷内墙涂料一遍

刷封闭底涂料一遍

转换成节点图

刮腻子三遍

水泥石灰膏砂浆找平

水泥石灰膏砂浆打底扫毛

专用胶水掺素水泥砂浆

混凝土墙基层

混凝土基层乳胶漆墙面节点图

步骤 2：
打底扫毛及找平

步骤 3：
刮腻子三遍再磨平

步骤 4：
刷封闭底涂料

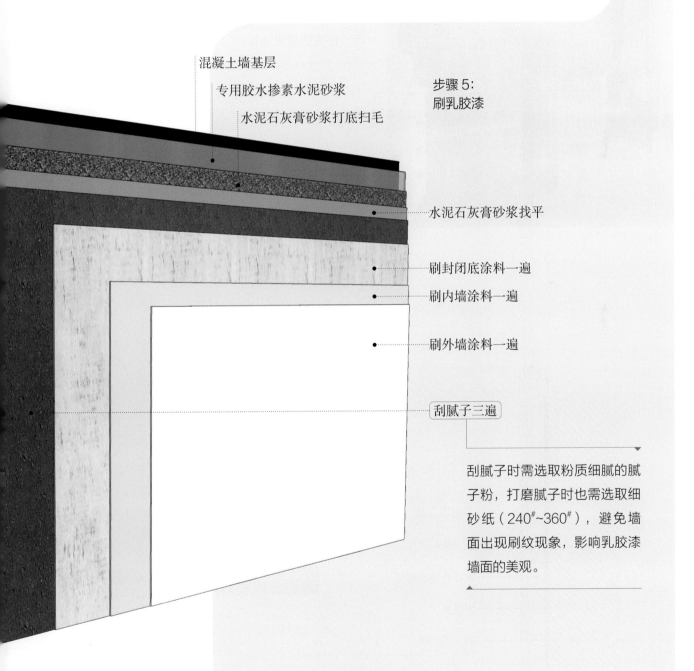

混凝土墙基层

专用胶水掺素水泥砂浆

水泥石灰膏砂浆打底扫毛

步骤 5：
刷乳胶漆

水泥石灰膏砂浆找平

刷封闭底涂料一遍

刷内墙涂料一遍

刷外墙涂料一遍

刮腻子三遍

刮腻子时需选取粉质细腻的腻子粉，打磨腻子时也需选取细砂纸（240#~360#），避免墙面出现刷纹现象，影响乳胶漆墙面的美观。

节点 5. 轻体砌块基层涂料墙面

乳胶漆的保色性、耐候性好，大多数乳胶漆不容易泛黄，耐候性可达 10 年以上，所以广泛用于客厅、卧室的墙面涂料。

施工步骤

转换成节点图

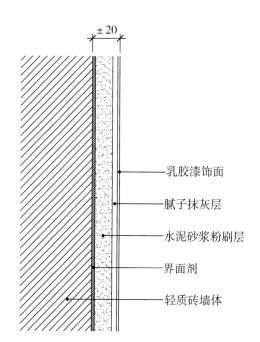

± 20

—— 乳胶漆饰面

—— 腻子抹灰层

—— 水泥砂浆粉刷层

—— 界面剂

—— 轻质砖墙体

轻体砌块基层涂料墙面节点图

步骤 1:
涂刷界面剂

步骤 2:
粉刷水泥砂浆做结合层

步骤 3:
批刮腻子做找平

轻质砖墙体

界面剂

水泥砂浆粉刷层

腻子抹灰层

乳胶漆饰面

步骤 4:
涂刷乳胶漆

涂刷有颜色的乳胶漆时，需要彻底地把乳胶漆混合均匀，避免乳胶漆内部的色浆分散不均匀导致涂刷的墙面色彩发花，装饰效果难看。

节点 6. 乳胶漆与不锈钢相接

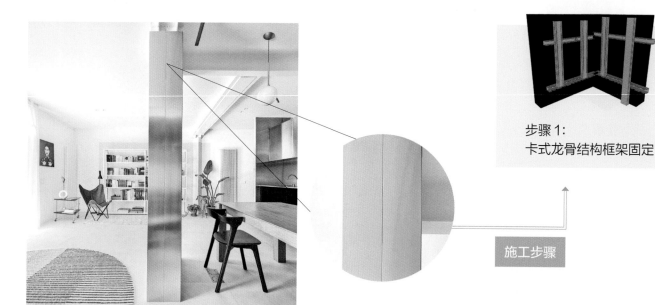

步骤 1：
卡式龙骨结构框架固定

施工步骤

在两个功能空间的隔墙上使用两种材料，能够增加空间层次感，突出墙面设计感。与此同时，不锈钢与乳胶漆的相接处使用不锈钢嵌条进行装饰，这样不仅可以增加墙面细节，而且不会在空间内显得过于突兀。

乳胶漆成分中含有腐蚀性液体，会破坏不锈钢表面的分子结构，所以在节点完成后，应检查不锈钢表面是否粘有乳胶漆。不锈钢表面的乳胶漆浸湿后可以很容易地将其擦掉。

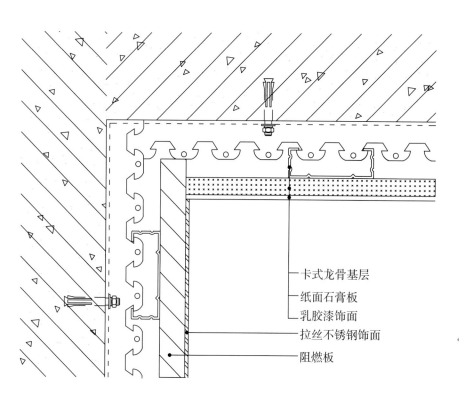

———卡式龙骨基层

———纸面石膏板

———乳胶漆饰面

———拉丝不锈钢饰面

———阻燃板

转换成节点图

乳胶漆与不锈钢相接节点图

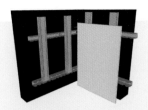

步骤 2：
固定纸面石膏板

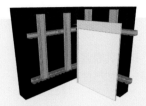

步骤 3：
涂刷乳胶漆做饰面

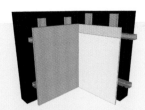

步骤 4：
固定阻燃板

步骤 5：
安装拉丝不锈钢饰面

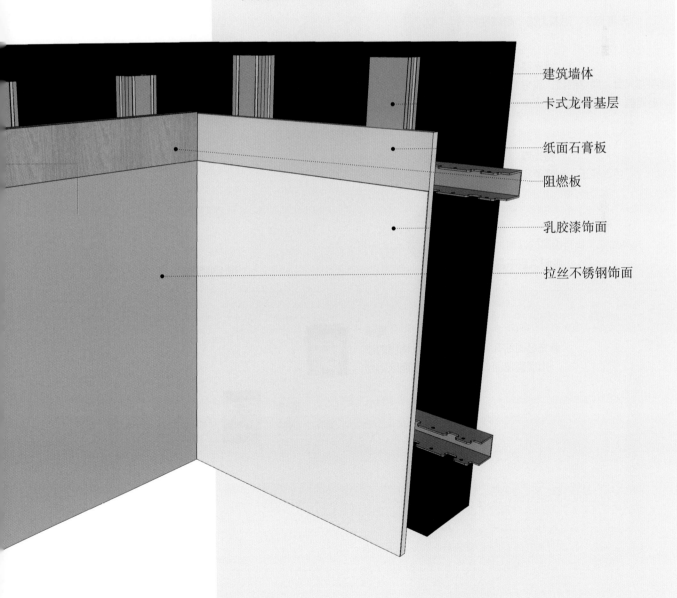

建筑墙体

卡式龙骨基层

纸面石膏板

阻燃板

乳胶漆饰面

拉丝不锈钢饰面

专题 涂料墙面设计与施工关键点

材质分类

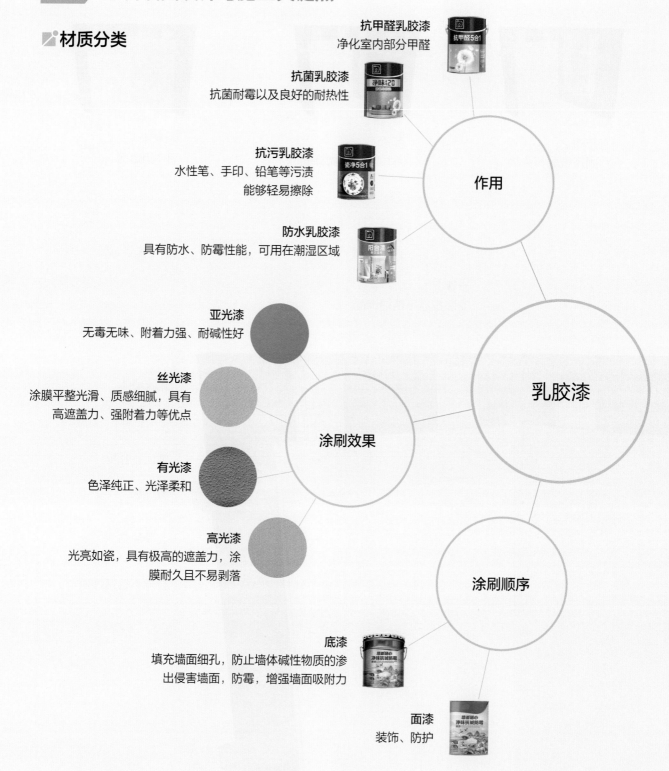

抗甲醛乳胶漆
净化室内部分甲醛

抗菌乳胶漆
抗菌耐霉以及良好的耐热性

抗污乳胶漆
水性笔、手印、铅笔等污渍
能够轻易擦除

防水乳胶漆
具有防水、防霉性能，可用在潮湿区域

亚光漆
无毒无味、附着力强、耐碱性好

丝光漆
涂膜平整光滑、质感细腻，具有
高遮盖力、强附着力等优点

有光漆
色泽纯正、光泽柔和

高光漆
光亮如瓷，具有极高的遮盖力，涂
膜耐久且不易剥落

作用

乳胶漆

涂刷效果

涂刷顺序

底漆
填充墙面细孔，防止墙体碱性物质的渗
出侵害墙面，防霉，增强墙面吸附力

面漆
装饰、防护

乳胶漆选购技巧。

①闻气味，水性乳胶漆无毒无味。

②看漆膜，正品乳胶漆长时间放置会形成一层厚且有弹性的氧化膜。

③看手感，正品乳胶漆手感光滑细腻。

④看黏稠度，高品质乳胶漆，提起来晃动一般听不到声音。

⑤看耐擦性，漆干后用湿布擦洗，高品质乳胶漆耐擦性好。

硅藻泥选购技巧。

①进行吸水测试，吸水量又快又多表明产品质量较好。

②正品硅藻泥色泽柔和、分布均匀，呈亚光感，具有泥面效果。

③正品硅藻泥手感细腻，有松木感。

④用手轻触硅藻泥样品墙，无粉末黏附。

⑤进行燃烧测试，气味呛鼻，有白烟，表明质量不佳。

原色硅藻泥
颗粒最大，表面粗糙，明显具有原始风貌

金粉硅藻泥
颗粒较大，其中添加了金粉，效果比较奢华

稻草硅藻泥
颗粒较大，添加了稻草，具有自然、淳朴的装饰效果

防水硅藻泥
中等颗粒，可搭配防水剂使用，能用于室外墙面装饰

膏状硅藻泥
颗粒较小，用于墙面装饰中不明显，是唯一一种状态为膏状的硅藻泥

材料特点

硅藻泥

施工方式

表面质感型硅藻泥
类似乳胶漆质感，但更为粗糙，效果质朴大方

肌理型硅藻泥
用特殊的工具制作成一定的肌理图案，如布纹、祥云等

艺术型硅藻泥
在基底上用不同颜色的细质硅藻泥做出图案或利用颜料采用手绘法在基底上作画

印花型硅藻泥
在做好基底的基础上，采用丝网印做出各种图案和花色，效果类似壁纸

涂刷顺序

底层
位于腻子层上方，主要起到基底的作用，为图案的制作做好基色，并覆盖墙面颜色

面层
表层硅藻泥完成涂抹后，需在表面制作图案，其施工质量关系到整体的美观性和使用寿命

板岩漆
具有板岩石的肌理和质感，但色彩、样式等比天然板岩的选择性更广泛，色彩鲜明，颜色持久

砂岩漆
具有砂岩的肌理和质感，可以配合不同造型需求，在平面、圆柱等界面上施工

风洞石系列
效果和纹理类似天然风洞石，整体感强，平面和曲面均可施工

真石漆系列
具有天然大理石的质感、光泽和纹理

肌理漆
具有一定的肌理性，花型自然、随意，可配合设计做出特殊造型与花纹，异形施工更具优势

肌理型

艺术涂料选购技巧。
①涂料放入清水中搅动，质量好的涂料在水中清晰见底。
②涂料久置后，优质涂料上层保护胶水呈无色或微黄色。
③质量好的涂料，在保护胶水溶液表面，通常没有漂浮物或漂浮物极少。

艺术涂料

金属金箔漆
效果类似金箔，但比金箔施工更方便，表面闪闪发光

裂纹漆
图案块面之间的缝隙呈裂纹状

云丝漆
采用专用喷枪和特别技法，使墙面产生点状、丝状的纹理图案，质感华丽，具有丝缎效果和金属光泽

幻影漆
具有如影如幻的效果，能装饰出上千种不同色彩、不同风格的变幻图案

图案型

马来漆
漆面光洁，有石质效果，通过批刮施工可制作出多种类型的图案，如水波纹、大刀纹等

壁纸漆
填补了乳胶漆单色、无图案的缺憾，与传统壁纸相比不易剥落、起皮、开裂，且易清洗

施工工艺

　　当用墙面涂料进行墙面装饰时，不同的墙面涂料有不同的施工工艺，各类工艺都有相应的优缺点，施工时应综合考虑，根据实际情况选择施工工艺，以达到最好效果。

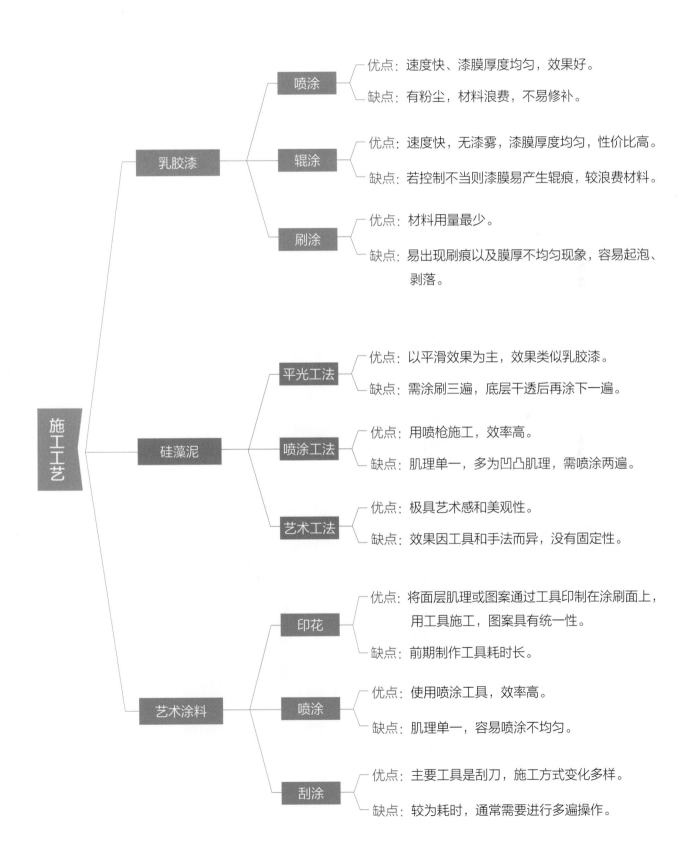

搭配技巧

艺术涂料搭配素净材质可互相衬托

在使用一些具有小层次花纹的墙面涂料时可以选择搭配一些素净、整洁的材料，如白色乳胶漆、纹理较为规则的木质材料等，可起到互相衬托的作用，同时可避免使空间装饰层次显得过于混乱。

对于半开放书架，采用黑色铁板及马来漆，两种材质的搭配使用，让黑色变得不再沉闷，再搭配浅色的乳胶漆墙面和浅木色花纹地面，视觉上会感到更加舒适，层次更加明晰。

墙壁与柱子的表面涂抹一层灰泥，细腻的材质肌理与光线相互"摩擦"，与纯色的木制家具搭配，营造出柔和的空间氛围。

运用跳色装饰墙面

涂料的一个显著优点就是色彩多样，在用它装饰墙面时，有时会根据需要使用一些活泼的跳色。在使用这类色彩时，需要特别注意色彩的组合，可用黑、白、灰类的中性色与其组合，降低其跳脱感，使整体效果更舒适，并避免刺激感。

客厅的背景墙被涂刷成相同色系的两种不同颜色，一深一浅呼应，客厅变得不再单调，反而多了独特的复古韵味。

墙面的设计上采用乳胶漆和石膏线的组合，通过色彩的"碰撞"充分营造法式的浪漫感。

质感对比搭配

空间中的墙饰面可以是多样的，多种墙面和多种风格能够丰富空间饰面层次，但是在应用时要注意避免使用过多材料，以避免造成空间装饰层次显得过于混乱的情况。

厨房和餐厅之间没有明确的界限，但是墙面材料的对比，视觉上也有分区的作用。开放式厨房的墙面使用了灰色瓷砖铺贴，餐厅使用了相同灰色的乳胶漆涂刷，空间内两种不同的墙面装饰材料，共同丰富空间装饰面层次。

石材墙砖与木饰面搭配，共同组合出对比感强烈的沙发背景墙，冷硬的石材饰面平衡了木饰面的温暖感，让空间的氛围更有现代感。

与线条组合搭配

在简欧风格或法式风格中，墙面常会出现乳胶漆与线条组合的搭配形式。这样的设计不仅可以体现华丽感，而且不会失去简约的感觉。但要注意，若线条为石膏线且与乳胶漆同色，可一同涂刷；若两者为异色，或使用的为其他材质的线条，则需要分开处理。

为了体现法式风格的优雅与繁复，背景墙的线条没有全部用直线造型，而是用花饰代替部分直线，或将转角的部分做些花样的设计，刷上灰色的乳胶漆，更能突出线条造型。

沙发背景墙除了用石膏线装饰外，还用深灰色与白色乳胶漆组合，不仅增加了墙面层次感，还为空间增加了视觉焦点。

不同色系营造不同空间

 脏粉色乳胶漆    白色乳胶漆

营造女性倾向的空间

对于私密空间，可根据使用者特点选用色彩，如卧室等私人化的空间中，乳胶漆的色彩，可从居住者的性别和个性角度出发来选择。如成年女性适合具有女性倾向明显的粉色、紫色、红色等颜色作为主色，可搭配白色、绿色、棕色等；若追求个性感，可搭配灰色或少量黑色。

 脏粉色乳胶漆   墨绿色乳胶漆

增强空间色彩活力

对于特殊功能空间，如娱乐空间、画室、手工房等，空间色彩氛围应围绕空间特点进行营造。如在一个艺术创作气息浓厚的空间中，可以选择使用对比色，即两种可以明显区分的色彩，如红绿、蓝橙、黄紫的搭配，以此来营造具有跳跃性的色彩氛围，增强空间色彩活力。

高纯度乳胶漆

 灰色乳胶漆

跳色需用中性色进行调节

乳胶漆颜色多样且鲜艳，用乳胶漆装饰墙面时，可以根据空间特点选择使用一些鲜艳、具有活力的颜色进行跳色以活跃空间。但需要注意，在使用这类颜色时，应特别注意色彩舒适性，以免艳丽颜色太突兀，造成视觉疲劳，可以使用黑、白、灰类的中性色与其组合，降低其跳脱感，使整体效果更舒适，并避免刺激感。

营造温馨空间气息

 低纯度乳胶漆

 白色乳胶漆

绿色让人联想到健康、青春、活力、生命与希望。在空间中适当地应用绿色，会让人感到平静与放松。在空间中，绿色与白色的结合给人一种整洁感，如果在此基础上搭配暖色系气息，整个氛围就会立刻变得温馨和放松。

人造装饰板

　　人造装饰板主要包括木质人造板、GRG/GRC板以及陶板等。其中木质人造板因方便施工，以及自身极强的装饰性，常常被应用于家居设计中。对于各种墙面基层，不同的人造装饰板有不同的安装方法，根据施工工艺的不同大体分为两种，即粘贴法和干挂法。粘贴法是指用胶或黏结剂将装饰板粘贴在基层板上进行固定；干挂法则指采用金属挂件将装饰材料牢固悬挂在结构体上形成饰面的一种挂装施工方法。这两种方法中，干挂法更为常见。

第二章

节点 7. 轻钢龙骨基层木饰面粘贴墙面

施工步骤 →

木饰面天生带有温暖感，铺装在墙面上可以增加温馨的感觉，用在玄关处也能给访客带来宾至如归的感觉。

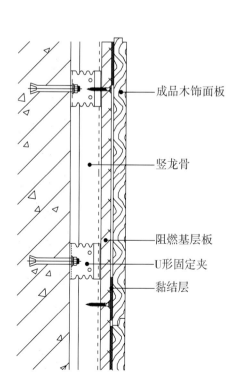

成品木饰面板

竖龙骨

阻燃基层板

U形固定夹

黏结层

转换成节点图 ←

轻钢龙骨基层木饰面粘贴墙面节点图

步骤1：
安装竖向龙骨

步骤2：
安装基层板

步骤3：
涂刷万能胶做黏结层

步骤4：
敲实固定饰面板

U形固定夹

竖龙骨

阻燃基层板

黏结层

成品木饰面板

木饰面板，也称装饰单板贴面胶合板或面漆木饰面板，它是将天然木材或科技木刨切成一定厚度的薄片（通常大于0.2mm），黏附于胶合板表面，经热压而成的一种板材，种类繁多，施工简单，是目前应用较广泛的室内装修、家具制作的表面材料。

节点 8. 轻钢龙骨基层木饰面挂板墙面

施工步骤

木饰面挂板最大的特点就是可以自由地进行拆卸及改装，方便维修的同时，也避免了不确定性的应力集中导致的板面变形的危险，提高了木饰面挂板的使用寿命。

竖龙骨 ....

阻燃基层板 ....

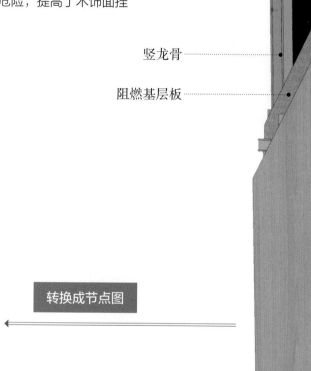

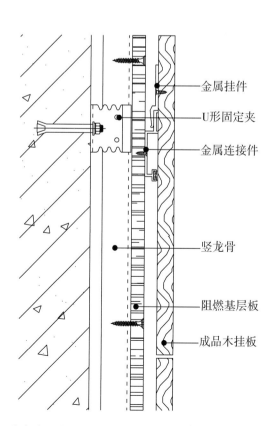

金属挂件

U形固定夹

金属连接件

转换成节点图

竖龙骨

阻燃基层板

成品木挂板

轻钢龙骨基层木饰面挂板墙面节点图

步骤 1:
安装竖向龙骨

步骤 2:
安装阻燃基层板

步骤 3:
安装金属连接件

步骤 4:
用干挂法直接吊挂或空挂
于钢架之上

成品木挂板

金属挂件

选材时,木饰面挂板的材料表
面需平整光滑且木纹清晰,具
有良好的材质和色泽。木挂条
要进行防腐、防蛀、防火处理。

节点 9. 木龙骨基层木饰面挂板墙面

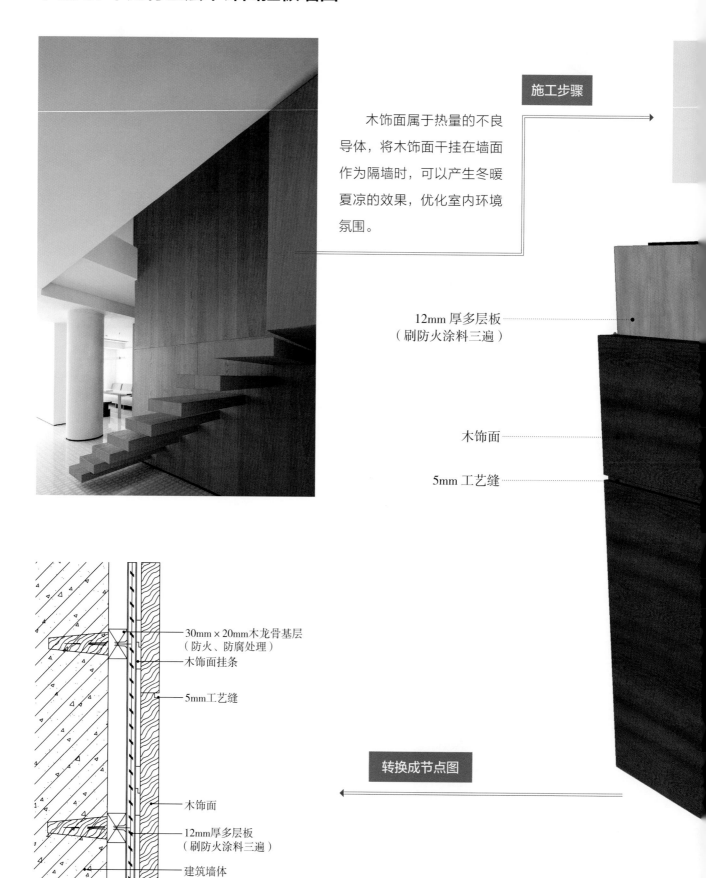

木饰面属于热量的不良导体，将木饰面干挂在墙面作为隔墙时，可以产生冬暖夏凉的效果，优化室内环境氛围。

施工步骤

12mm 厚多层板
（刷防火涂料三遍）

木饰面

5mm 工艺缝

30mm×20mm木龙骨基层
（防火、防腐处理）

木饰面挂条

5mm工艺缝

木饰面

12mm厚多层板
（刷防火涂料三遍）

建筑墙体

转换成节点图

木龙骨基层木饰面挂板墙面节点图

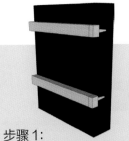

步骤1：
安装靠墙立筋，固定
木龙骨

步骤2：
钢钉固定多层板龙骨

步骤3：
固定木饰面挂条

步骤4：
挂装木饰面

建筑墙体

木龙骨易于做造型，且易于安装，但不具备防潮防火的特性，通常运用于客厅、卧房中。

30mm×20mm 木龙骨基层（防火、防腐处理）

木饰面挂条

节点 10. 卡式龙骨基层木饰面挂板墙面

墙面木饰面挂板表面经过加工处理后添加了一层天然的实木单板，可达到更为自然美观的纹理效果。

施工步骤

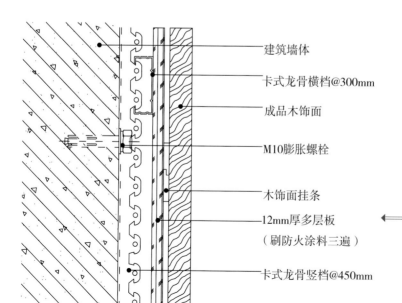

转换成节点图

建筑墙体

卡式龙骨横档@300mm

成品木饰面

M10膨胀螺栓

木饰面挂条

12mm厚多层板
（刷防火涂料三遍）

卡式龙骨竖档@450mm

卡式龙骨基层木饰面挂板墙面节点图

步骤 1：
安装卡式龙骨

步骤 2：
固定多层板基板

步骤 3：
安装木饰面挂条

步骤 4：
挂装木饰面

建筑墙体

卡式龙骨横档 @300mm

12mm 厚多层板（刷防火涂料三遍）

成品木饰面

木饰面挂条

卡式龙骨竖档 @450mm

卡式龙骨防腐防锈，且其强度高、施工便捷，可以用在客厅、餐厅、卧室、浴室等空间处。除此之外，卡式龙骨在市面上品种繁多，选出品质优良的产品较为费时费力。

节点 11. 陶板墙面

施工步骤

陶板材料具有亚光质感，表面温和不反光，与一些安装在建筑外立面的反光材料产生光污染不同，它是一种绿色环保型的墙面装修材料。

方钢管 ······

金属挂件 ······

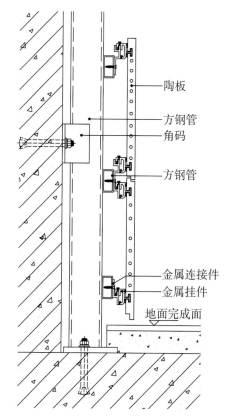

陶板

方钢管
角码

方钢管

转换成节点图

金属连接件
金属挂件

地面完成面

陶板墙面节点图

步骤1:
固定方钢管

步骤2:
安装金属挂件

步骤3:
通过金属挂件安装陶板

建筑墙体

陶板

陶板墙面绿色环保、抗震、防腐蚀、隔音、防潮,通常用在浴室、厨房中。因陶板由天然陶土烧制而成,很少添加颜料,故其颜色较为单一。

节点 12.GRG / GRC 板挂板墙面

GRG/GRC 可以根据设计师的设计，大面积、无缝地密拼任意造型，特别是洞口、转角等细微的地方，可以确保拼接误差极小。

转换成节点图

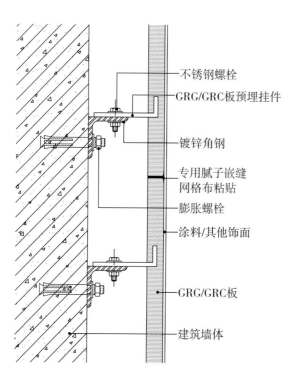

不锈钢螺栓
GRG/GRC板预埋挂件
镀锌角钢
专用腻子嵌缝网格布粘贴
膨胀螺栓
涂料/其他饰面
GRG/GRC板
建筑墙体

GRG/GRC 板挂板墙面纵向剖面图

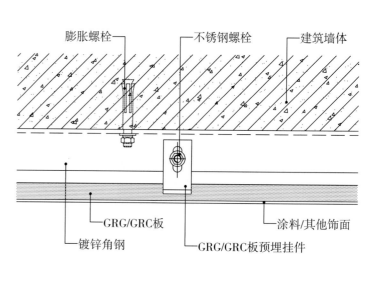

膨胀螺栓　不锈钢螺栓　建筑墙体
GRG/GRC板
镀锌角钢
GRG/GRC板预埋挂件
涂料/其他饰面

GRG/GRC 板挂板墙面横向剖面图

步骤 1：
固定角钢

步骤 2：
安装挂件

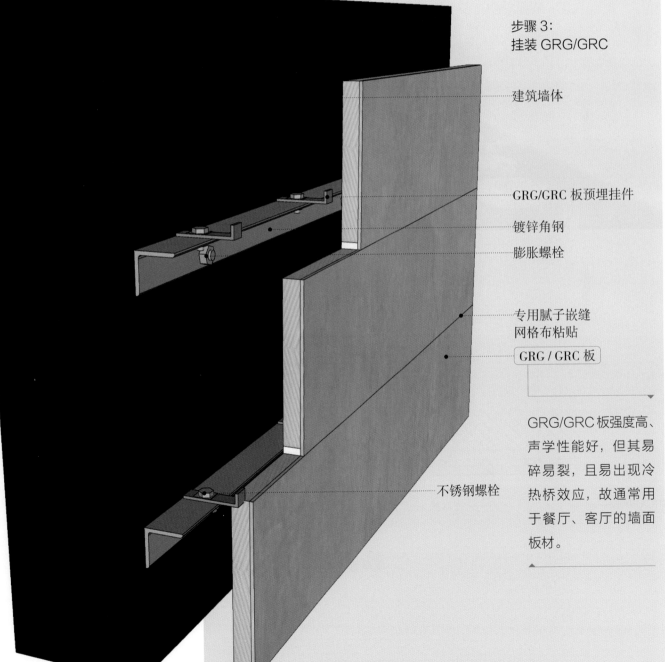

步骤 3：
挂装 GRG/GRC

建筑墙体

GRG/GRC 板预埋挂件

镀锌角钢

膨胀螺栓

专用腻子嵌缝
网格布粘贴

GRG / GRC 板

不锈钢螺栓

GRG/GRC 板强度高、声学性能好，但其易碎易裂，且易出现冷热桥效应，故通常用于餐厅、客厅的墙面板材。

节点 13. GRG/GRC 板粘贴墙面

GRG/GRC 板防火绝缘，火灾发生时板材不会燃烧，且不会产生有毒烟雾；电导率低，是理想的绝缘材料。

转换成节点图

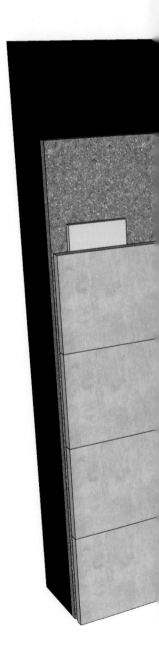

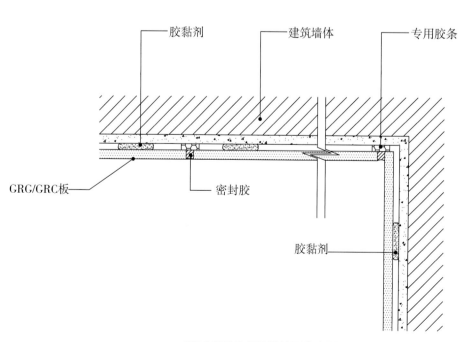

胶黏剂　建筑墙体　专用胶条

GRG/GRC板　密封胶

胶黏剂

GRG/GRC 板粘贴墙面节点图

步骤 1:
抹腻子做找平层

步骤 2:
涂胶黏剂

步骤 3:
贴装 GRG/GRC 板

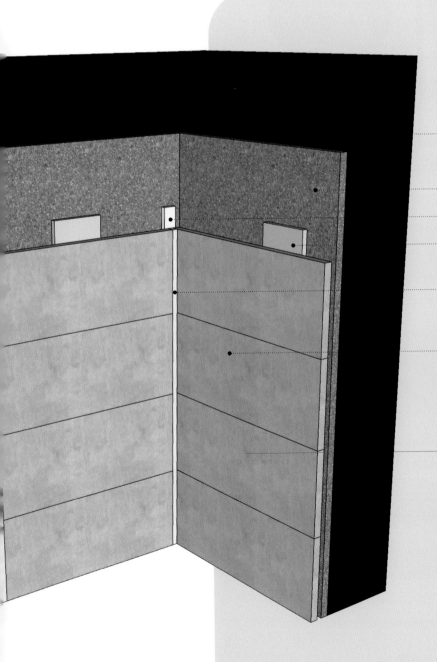

步骤 4:
打胶

建筑墙体

抹灰腻子层

专用胶条

胶黏剂

密封胶

GRG/GRC 板

已被固定好的 GRG/GRC 板接缝处需要填充木质料块，整个板材表面需粉刷涂料，以延长板材的使用寿命。

节点 14. 木饰面与不锈钢相接

施工步骤

步骤1：
安装卡式龙骨

浅色木饰面与不锈钢结合，营造出自然又现代的感觉。

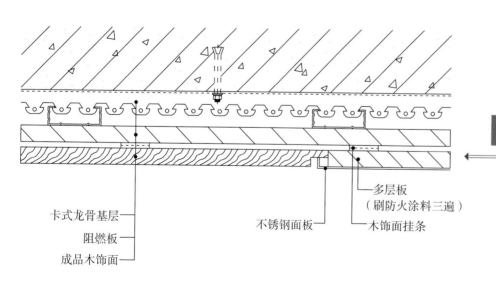

转换成节点图

多层板
（刷防火涂料三遍）

不锈钢面板
木饰面挂条

卡式龙骨基层
阻燃板
成品木饰面

木饰面与不锈钢相接节点图

步骤2：
安装阻燃板

步骤3：
安装木饰面挂条

步骤4：
多层板固定

步骤6：
固定不锈钢面板

阻燃板

步骤5：
木饰面与挂条对接安装

多层板（刷防火涂料三遍）

不锈钢面板

不锈钢与玻璃的特性相似，可以反射光线，故要求对工艺缝中的木饰面进行见光处理。避免衔接处不平，影响美观。

卡式龙骨基层

木饰面挂条

建筑墙体

节点 15. 木饰面与软包相接

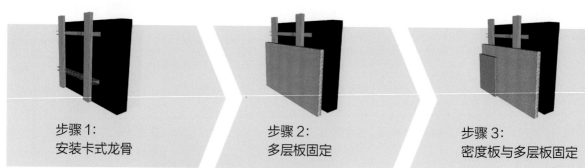

步骤 1：
安装卡式龙骨

步骤 2：
多层板固定

步骤 3：
密度板与多层板固定

施工步骤

软包卡座与木饰面搭配，柔化墙面，减少生硬感。

软包柔软，应考虑设计过程和施工材料的保护，且应仔细检查软包布料的规格和尺寸，避免从底部暴露到板材边缘及木质表面的延伸和变形。木饰面和软包可以适当分开，整体会显得更加平滑、美观。

软包

转换成节点图

— 12mm厚多层板
（刷防火涂料三遍）
— 密度板
— 泡沫垫
— 软包

— 卡式龙骨基层
— 木龙骨
（防火、防腐处理）
— 成品木饰面

木饰面与软包相接节点图

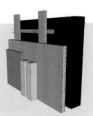

步骤 4：
固定木龙骨

步骤 5：
安装木饰面

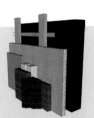

步骤 6：
木饰面线条填充

步骤 8：
成品软装安装

步骤 7：
泡沫垫填充

建筑墙体

卡式龙骨基层

12mm 厚多层板
（刷防火涂料三遍）

密度板

泡沫垫

木龙骨
（防火、防腐处理）

木饰面线条

成品木饰面

节点 16. 木饰面与硬包相接

步骤 1:
安装横竖档龙骨

施工步骤

木饰面与暖色的硬包相接，可以使空间显得轻快活泼而不失空间层次，作为客厅或卧室的背景墙是一个很好的选择。

室内空间中，木饰面与硬包相接是较为常见的一类室内节点，两种材料的"碰撞"，可以美化整体的装饰效果，当然，两者相接时应注意室内面积的大小，避免产生局促感。

转换成节点图

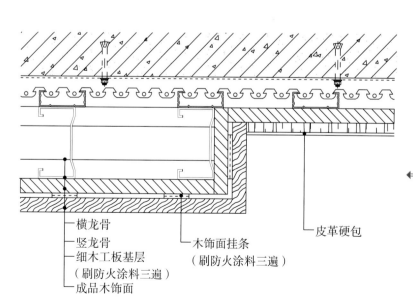

—横龙骨
—竖龙骨
—细木工板基层
（刷防火涂料三遍）
—成品木饰面

—木饰面挂条
（刷防火涂料三遍）

—皮革硬包

木饰面与硬包相接节点图

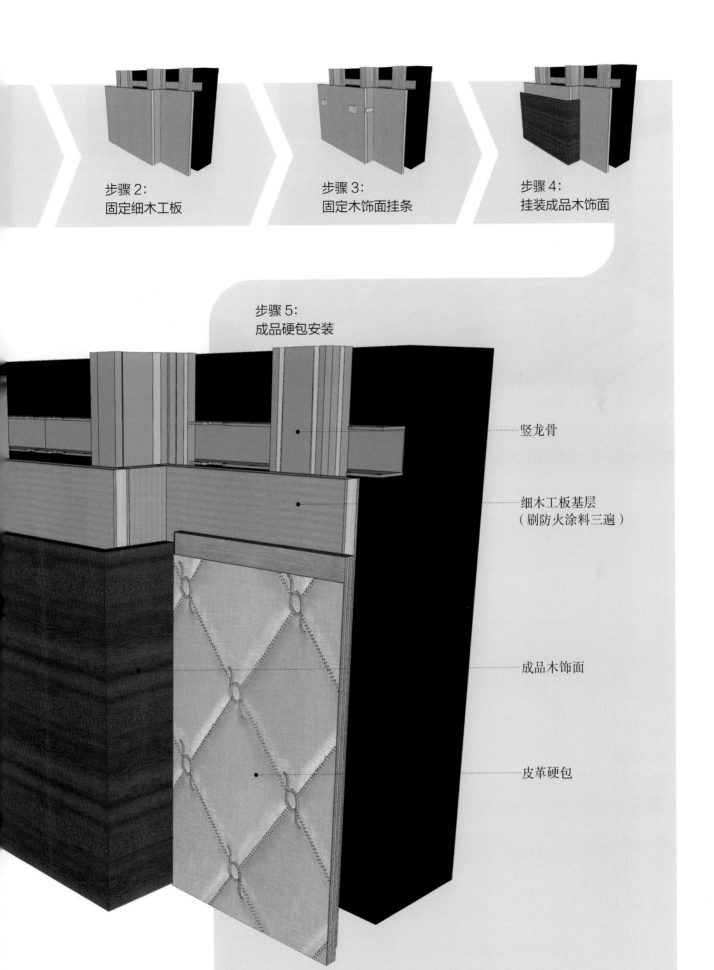

步骤 2:
固定细木工板

步骤 3:
固定木饰面挂条

步骤 4:
挂装成品木饰面

步骤 5:
成品硬包安装

竖龙骨

细木工板基层
（刷防火涂料三遍）

成品木饰面

皮革硬包

节点 17. 木饰面与镜面玻璃相接

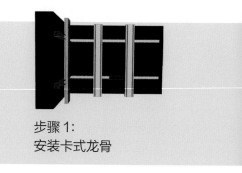

步骤1:
安装卡式龙骨

施工步骤

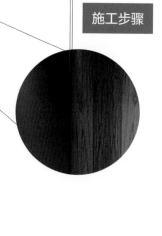

木饰面与镜面玻璃相结合，在室内空间中可以用于卧室功能区。木饰面具有吸音的特点，灰镜用于卧室内不仅能够在视觉上拓展空间，而且能够展现空间艺术感。将深色系的两种材料进行搭配，营造室内低调沉稳的氛围。

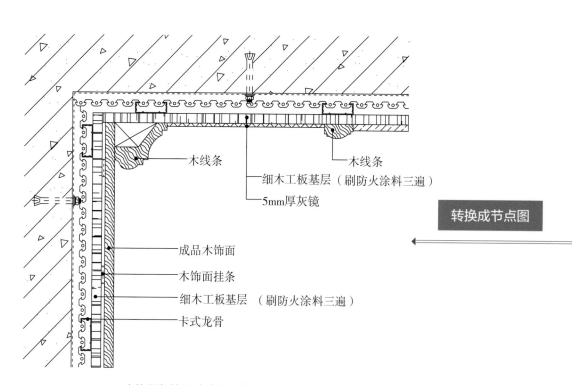

木线条

木线条

细木工板基层（刷防火涂料三遍）

5mm厚灰镜

转换成节点图

成品木饰面

木饰面挂条

细木工板基层 （刷防火涂料三遍）

卡式龙骨

木饰面与镜面玻璃相接节点图

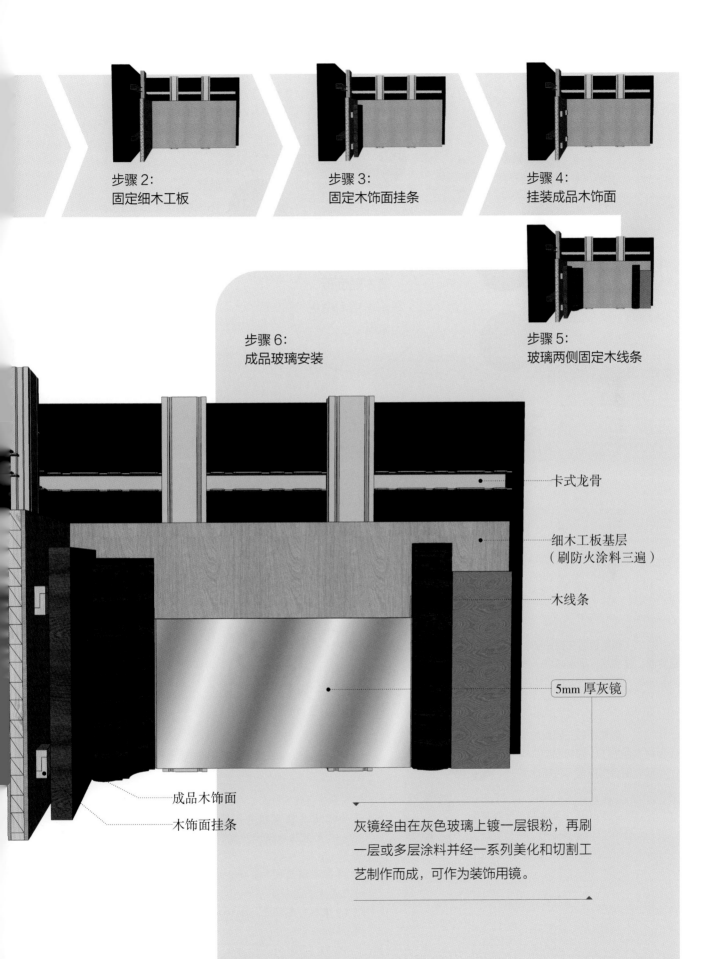

步骤 2：
固定细木工板

步骤 3：
固定木饰面挂条

步骤 4：
挂装成品木饰面

步骤 6：
成品玻璃安装

步骤 5：
玻璃两侧固定木线条

卡式龙骨

细木工板基层
（刷防火涂料三遍）

木线条

5mm 厚灰镜

成品木饰面

木饰面挂条

灰镜经由在灰色玻璃上镀一层银粉，再刷一层或多层涂料并经一系列美化和切割工艺制作而成，可作为装饰用镜。

专题 人造板材墙面设计与施工的关键点

材质分类

樱桃木
纹理通直、暖色赤红，
可营造高贵气派的感觉

枫木
花纹呈水波纹或细条纹
状，乳白色，格调高雅
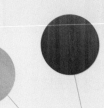

柚木
纹理线条优美、不易变形、高
档、百搭

黑胡桃
纹理粗而富有变化，黑灰
色、深沉稳重、百搭

薄木贴面板
在家居空间中更
为常见

檀木
有山纹和直纹之分，款式
多样，装饰效果浑厚大方
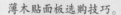

薄木贴面板选购技巧。
①看检测报告。
②谨慎选择品牌。
③表面平整，不扎手。

人造板材

多层板芯三聚氰胺板
密度低、强度高，层次越多，强
度越高，承重越强，性价比高

三聚氰胺板
常用于家居空间

颗粒板芯三聚氰胺板
板材方便加工、横切面结构粗
糙，密合强度弱，性价比高

实木芯三聚氰胺板
不易变形、平整度好、
稳定性强、坚固耐用

三聚氰胺板选购技巧。
①要求出具检测报告，根据国家标准，每
100g三聚氰胺板板的甲醛释放量应小于或等
于30mg。
②E1级中密度板，每100g中，甲醛释放量小
于或等于9mg。
③E2级中密度板中，每100g中，甲醛释放量
为9~40mg。

OSB-1
用于室内装饰、普通家具，适合
室内干燥状态条件

OSB-2
用于室内装饰、普通家具木门等，
适合作为干燥环境中的承载板材

OSB-3
用于隔断墙，适合潮湿状态条件

欧松板
主要用于家居空
间墙面或家具

OSB-4
用于房屋承重墙、隔断墙，适合潮
湿状态条件

欧松板选购技巧。
①看内部，应无接头缝隙、裂痕。
②官方标准长 40~100mm、宽 5~20mm、厚 0.3~0.7mm。
③慎重选择品牌。

杨木、桦木细工板
综合性能好、密实、木质不软
不硬、握钉力强，不易变形

细木工板
在家居空间的墙
面中较为常见

松木细工板
质地坚硬，因为具有拼接特性，
所以较易变形

细木工板选购技巧。
①看等级，分为优等品、一等品、
合格品，其他等级名称均为次品。
②板面平滑，不扎手，上下抖动无
声音。
③无刺鼻气味。
④看检测报告。

泡桐木细工板
质地轻、较软、吸收水分大、不易烘干、水
分蒸发后易变形开裂

纯色防火板
纯色、无花纹、光泽感强、
色彩鲜艳、价格较低

木纹防火板
仿木纹、纹理多样、价格较低

防火板选购技巧。
①查看有无检测报告和燃烧等级，
燃烧等级越高，耐火性越好。
②查看外观，选购图案清晰、平滑
耐磨的产品。
③防水板厚度一般为 0.6～1.2mm；
贴面 0.6～1mm。
④最好选择成型的防火板材。

石材防火板
使用印刷技术仿石材纹理，突破
以往尺寸限制制作的大规格板材

金属防火板
由铝合金或者其他金属覆盖制
成，工艺复杂、价格较高

防火板
不管是展示空间、
商业空间还是家居
空间均适用

木造板材

整墙板
整墙做造型，常做成"左右对称"
的形式，由"造型饰面板""顶
线""踢脚线"组成

墙裙
半高墙板，需配合其他装饰材
料，没有整墙板灵活

护墙板
常用于家居空间

中空墙板
芯板用其他材料代替木板，
设计方法同前两种，但比前
两种更加通透且富有节奏感

椰壳板
在商业空间、酒
店空间、家居空
间中均可应用

自然椰壳板
色泽自然，以咖啡色
为主，较为百搭

洗白椰壳板
可做洗白脱色处理，呈米白色，
仍会带有咖啡色纹路

椰壳板选购技巧。
①看装饰层质量。
②看椰壳光泽度，高质量的椰壳色
泽自然明亮。
③质量好的板材其硬度与高档红木
相当。

黑亮椰壳板
经加工后椰壳颜色加深，具
有浓郁的复古感和厚重感

施工工艺

墙面人造板材是指覆盖在墙体之上主要起到装饰作用的一类板材。它的纹理质感多变，改变了装饰仅能使用实木板的传统，能够为室内设计提供更多的可能性，也能适应不同室内风格。人造板材根据使用要求可以分为饰面板材、结构板材、造型饰面板材。

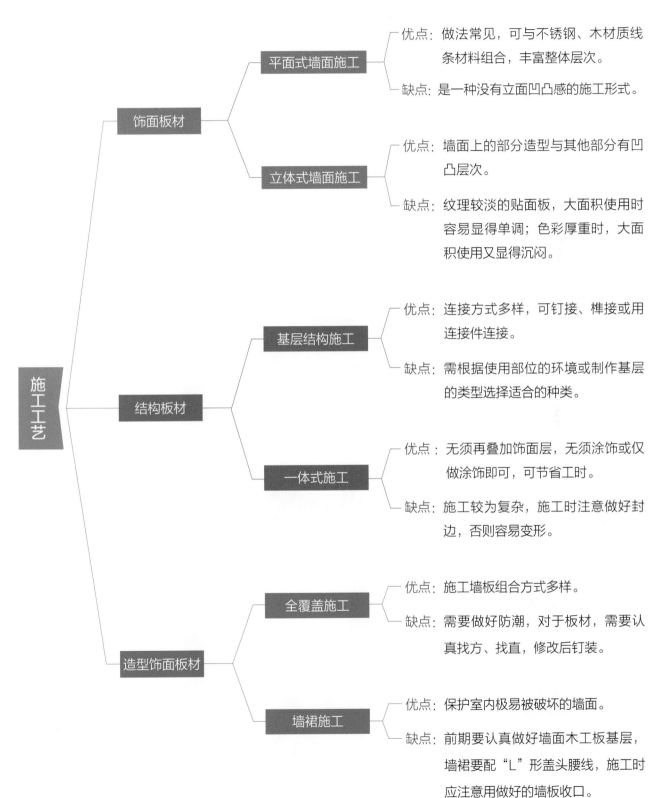

施工工艺

饰面板材
- 平面式墙面施工
  - 优点：做法常见，可与不锈钢、木材质线条材料组合，丰富整体层次。
  - 缺点：是一种没有立面凹凸感的施工形式。
- 立体式墙面施工
  - 优点：墙面上的部分造型与其他部分有凹凸层次。
  - 缺点：纹理较淡的贴面板，大面积使用时容易显得单调；色彩厚重时，大面积使用又显得沉闷。

结构板材
- 基层结构施工
  - 优点：连接方式多样，可钉接、榫接或用连接件连接。
  - 缺点：需根据使用部位的环境或制作基层的类型选择适合的种类。
- 一体式施工
  - 优点：无须再叠加饰面层，无须涂饰或仅做涂饰即可，可节省工时。
  - 缺点：施工较为复杂，施工时注意做好封边，否则容易变形。

造型饰面板材
- 全覆盖施工
  - 优点：施工墙板组合方式多样。
  - 缺点：需要做好防潮，对于板材，需要认真找方、找直，修改后钉装。
- 墙裙施工
  - 优点：保护室内极易被破坏的墙面。
  - 缺点：前期要认真做好墙面木工板基层，墙裙要配"L"形盖头腰线，施工时应注意用做好的墙板收口。

◤ 搭配技巧

组合式墙面造型

    人造板材在墙面上应用时可发挥的空间比较大，可以根据墙面的造型需要进行两两组合，如墙板墙裙两两组合、墙板两两组合、护墙板包柱与背景墙组合、护墙板罗马柱与背景墙组合，以及护墙板背景墙、护墙板与门窗洞套或垭口套组合等多种方式，甚至可以进行两种材料的组合，如板材与乳胶漆、板材与壁纸等。

墙裙与乳胶漆是很常见的一种组合，显得既干净又利落，若空间面积较小，更建议选择白色墙裙，乳胶漆可选择与墙裙有一些色差的颜色，以丰富层次感。

床头采用全覆盖施工制作护墙板背景墙，空间纯色护墙板与木皮组合的中空墙板式背景墙丰富了墙面层次。

特殊质感板材上墙打造个性空间

一些板材的质感比较特殊，比如欧松板。这些板材的纹理非常具有个性感，除了用于制作基层外，还可将其作为饰面材料装饰顶面、墙面等部位。若担心拼缝不美观，则可根据板材幅面来定制造型，避免拼缝。

通常来说，用欧松板装饰墙面时，设计面积不会太大，会与其他材料组合使用，做点缀或点睛之用。当整体为平面造型时，可直接整板上墙，实现无缝施工，效果美观，也可避免卡灰，还可减少受潮的概率。

过道全部使用木纹护墙板，温馨但略显单调，在主题墙的书橱的两侧加入软木墙板，不改变原有温馨、质朴氛围的同时，又具有丰富层次感的作用。

墙面板材与家具呼应

板材可以整墙铺满，作为整体性的装饰存在于空间中，营造更丰富的墙面层次。同时，也可以选择将板材应用于空间内的家具上，使得墙面与家具统一空间材质。

三聚氰胺板应用于墙面时很适合以大块面为主进行铺装，当空间较为开敞时，可以选择用三聚氰胺板覆盖墙面后，再局部安装柜子，露出部分背板，美观且具整体感的同时还能够节省工时。

不经涂饰的刨花板装饰墙面非常独特，前台柜体也由刨花板制成，所以整个空间呈现出非常吸引人目光的装饰效果。

板材的纹理也能影响氛围

一些纹理较淡的板材，大面积使用时很容易显得单调；而色彩较厚重的板材，大面积使用则容易显得过于沉闷。此时，可以适当地用一些造型或灯光来增加层次感，造型并不一定要夸张，就可以取得不错的效果。

墙面大面积铺装了纹理较淡的板材，为了不显得单调，一部分板材做了立体造型，这样墙面既有了层次感，也不会有突兀感。

木饰面与白色乳胶漆拼接的背景墙虽然让墙面有了变化性，但色彩上过于寡淡，加上暗藏灯光之后整个背景墙变得有质感。

不同色系营造不同空间

浅色饰面板

白色乳胶漆

营造质朴自然感

浅色饰面板能够营造温馨感且自然的效果，给人以质朴的空间感受，同时直纹款式木纹展现空间文静的感觉；如果想要活泼的效果，可选山纹的款式。在此基础上搭配白色乳胶漆，增加了简洁、干净的感觉。

呈现现代、低调的氛围

浅色系木饰面想要呈现出现代感而不是质朴感，可以尝试用深色系的石材、砖材来搭配，这样可以中和掉木饰面的朴素感，保留自然质感的同时营造出现代氛围。

浅色系板材

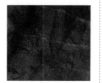
深色系石材

 红色系饰面板　　 米色墙板

彰显复古、大气

红色系饰面板华丽而复古，适合用于塑造大气感，可用在中式风格、北非地中海风格、美式乡村风格等空间内。但此类饰面板很容易让人感觉沉闷，所以使用浅色墙板进行中和。

明快又不失自然感

 低明度乳胶漆　　 白色乳胶漆

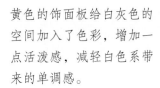

黄色的饰面板给白灰色的空间加入了色彩，增加一点活泼感，减轻白色系带来的单调感。

壁纸（布）

壁纸（布）是目前使用率最高的一类室内软性装饰建材，在塑造空间的能力上，有着非常大的可利用空间。两者的区别在于基底，壁纸基底种类较多，而壁布以棉布为主。随着科技的发展，具有各种肌理、图案、功能性的壁纸（布）层出不穷，极具美观性。

第三章

节点 18. 纸面石膏板基层壁纸铺贴墙面

利用定制的壁纸装饰墙面，可以打造出独一无二的空间，带有立体效果的壁纸有时也有扩大空间、增添层次感的效果。

施工步骤

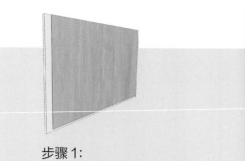

步骤1：
腻子满刮做找平层

进行基层处理时，必须将粘贴壁纸的表面清理得干净、平整、光滑，涂料应涂刷均匀，不宜太厚，石膏板接缝用嵌缝腻子处理，并用接缝带贴牢。铺贴壁纸的纸面石膏板墙面，作为客厅隔墙是一个不错的选择。

纸面石膏板

转换成节点图

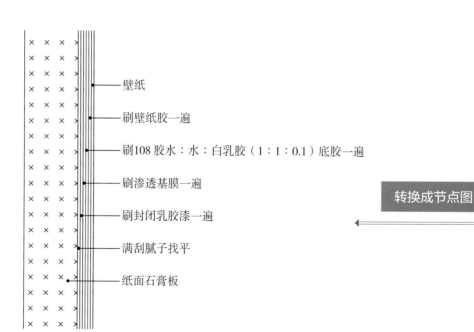

- 壁纸
- 刷壁纸胶一遍
- 刷108胶水：水：白乳胶（1：1：0.1）底胶一遍
- 刷渗透基膜一遍
- 刷封闭乳胶漆一遍
- 满刮腻子找平
- 纸面石膏板

纸面石膏板基层壁纸铺贴墙面节点图

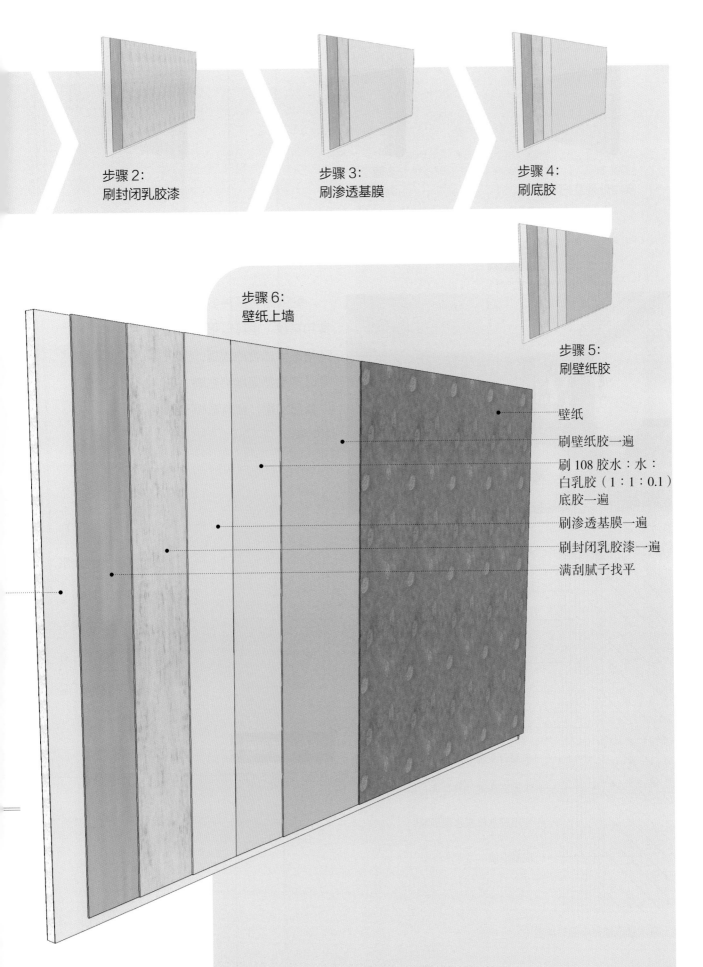

步骤 2:
刷封闭乳胶漆

步骤 3:
刷渗透基膜

步骤 4:
刷底胶

步骤 6:
壁纸上墙

步骤 5:
刷壁纸胶

壁纸

刷壁纸胶一遍

刷 108 胶水：水：
白乳胶（1：1：0.1）
底胶一遍

刷渗透基膜一遍

刷封闭乳胶漆一遍

满刮腻子找平

节点 19. 混凝土基层壁纸铺贴墙面

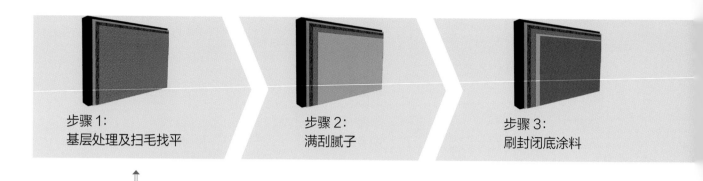

步骤1：
基层处理及扫毛找平

步骤2：
满刮腻子

步骤3：
刷封闭底涂料

施工步骤

壁纸拥有多种多样的图案和花纹，也可以根据室内风格选择适合的纹理。壁纸可以不用整面墙都贴满，可以局部使用，会有意想不到的效果。

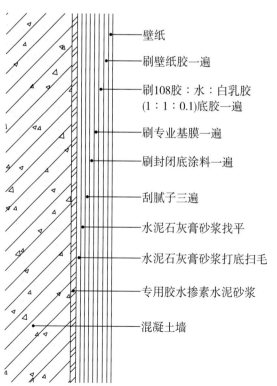

壁纸

刷壁纸胶一遍

刷108胶：水：白乳胶
(1：1：0.1)底胶一遍

刷专业基膜一遍

刷封闭底涂料一遍

刮腻子三遍

水泥石灰膏砂浆找平

水泥石灰膏砂浆打底扫毛

专用胶水掺素水泥砂浆

混凝土墙

混凝土墙

专用胶水掺素水泥砂浆

水泥石灰膏砂浆打底扫毛

水泥石灰膏砂浆找平

刮腻子三遍

刷封闭底涂料一遍

转换成节点图

混凝土基层壁纸铺贴墙面节点图

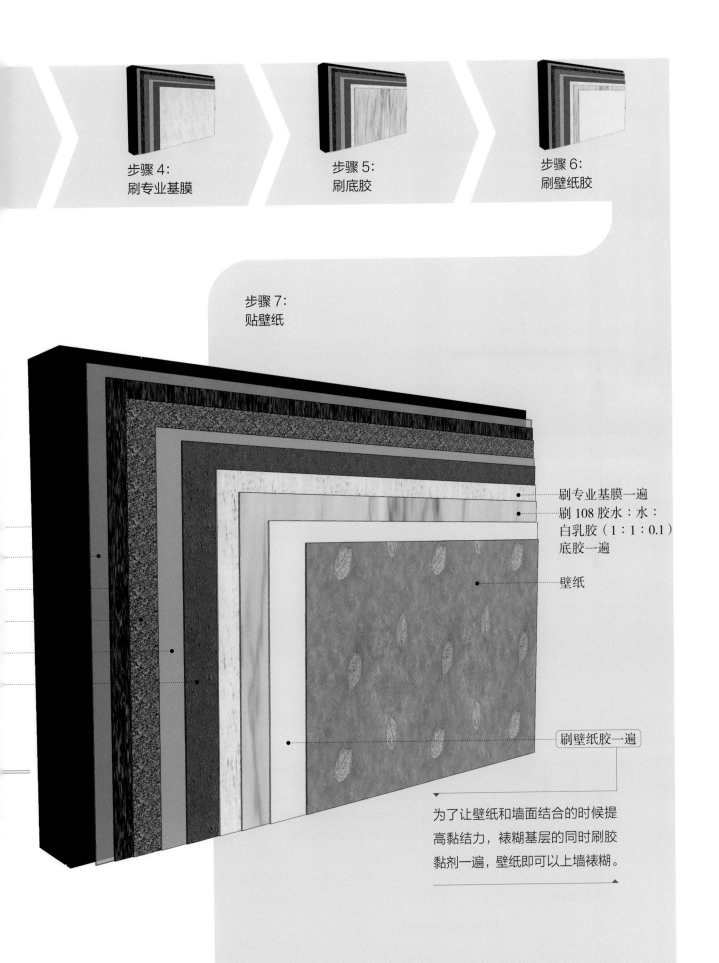

步骤 4：
刷专业基膜

步骤 5：
刷底胶

步骤 6：
刷壁纸胶

步骤 7：
贴壁纸

刷专业基膜一遍

刷 108 胶水：水：
白乳胶（1：1：0.1）
底胶一遍

壁纸

刷壁纸胶一遍

为了让壁纸和墙面结合的时候提高黏结力，裱糊基层的同时刷胶黏剂一遍，壁纸即可以上墙裱糊。

节点 20. 装饰贴膜墙面

施工步骤

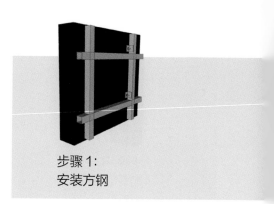

步骤 1：
安装方钢

装饰贴膜经过光线照射后会呈现出不一样的图案，这样低调而生动的墙面装饰，从细节上营造出温馨的氛围感。

建筑墙体

40mm × 40mm × 4mm 方钢

12mm 阻燃板

40mm × 40mm × 4mm 方钢

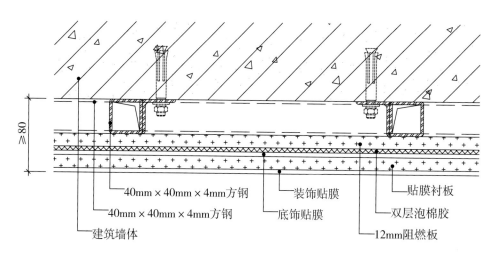

转换成节点图

40mm × 40mm × 4mm方钢

装饰贴膜

贴膜衬板

40mm × 40mm × 4mm方钢

底饰贴膜

双层泡棉胶

建筑墙体

12mm阻燃板

≥80

装饰贴膜墙面节点图

步骤 2：
安装阻燃板

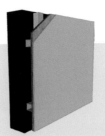

步骤 3：
粘贴双层泡棉胶

步骤 4：
粘贴底饰贴膜

步骤 5：
贴覆衬板

步骤 6：
装饰贴膜

·········· 双层泡棉胶

·········· 底饰贴膜

·········· 贴膜衬板

装饰贴膜

装饰贴膜是一种强韧柔软的特殊贴膜。在表面印刷出木纹、石纹、金属、抽象图案等，颜色种类丰富。通过反面冷覆的胶黏剂，可以将其贴到金属、石膏、木材等各种基层上。

节点 21. 壁纸与木饰面相接

原色的木饰面搭配深色带花纹的壁纸，作为整体室内的墙面装饰，可以使家居氛围更加厚重、自然。此外，壁纸与木饰面都是易燃材料，使用时需注意做好防燃处理。

施工步骤

步骤1：
安装卡式龙骨

建筑墙体

木饰面靠近壁纸一侧的 5mm×5mm 工艺槽的作用是，壁纸在裱贴时将边沿伸进工艺槽内贴合平坦，使壁纸槽口不在主视野范围内，可以明显提高观感质量。

卡式龙骨

阻燃板
木饰面挂条
成品木饰面

转换成节点图

卡式龙骨
成品木饰面
木饰面挂条
阻燃板
壁纸
5mm×5mm工艺缝
纸面石膏板

壁纸与木饰面相接节点图

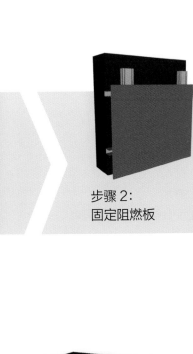

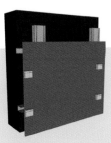

步骤 2：
固定阻燃板

步骤 3：
挂装木饰面挂条

步骤 4：
固定双层纸面石膏板

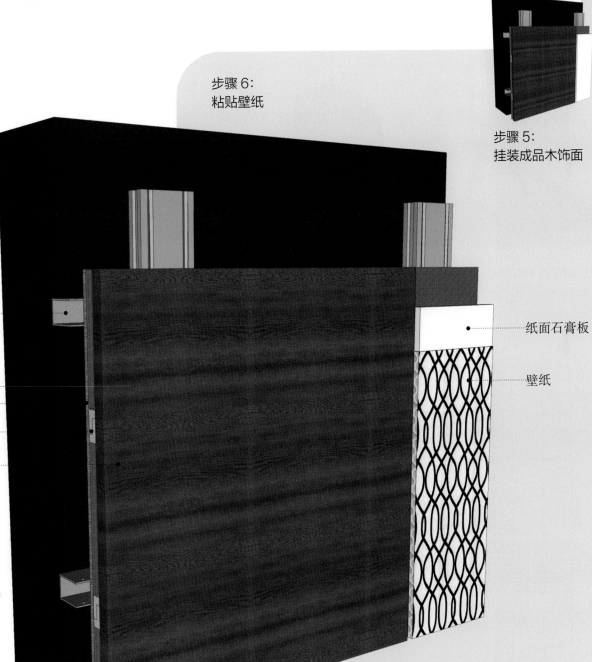

步骤 6：
粘贴壁纸

步骤 5：
挂装成品木饰面

纸面石膏板

壁纸

节点 22. 壁纸与石材相接

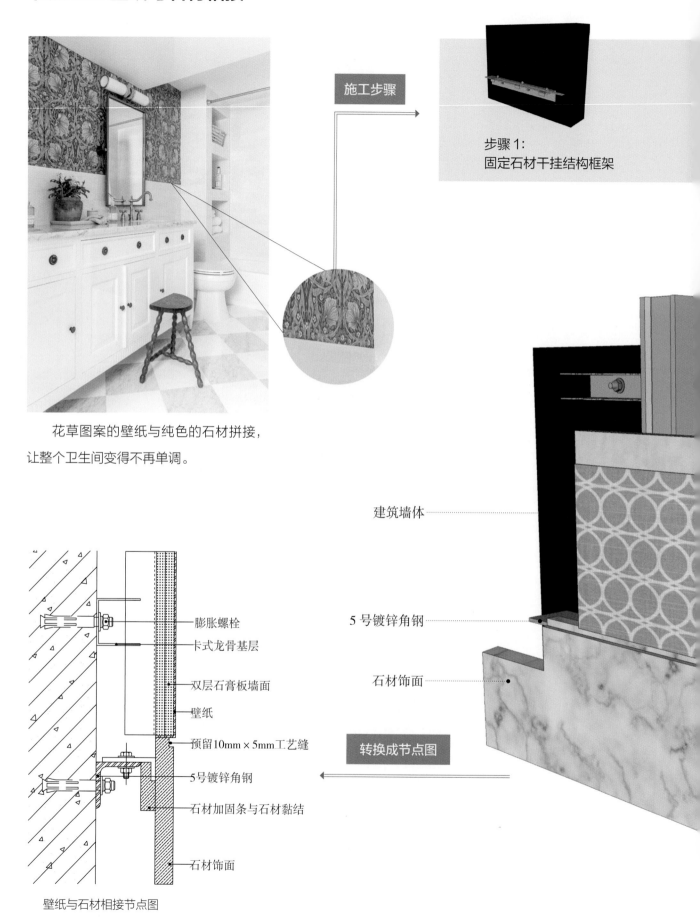

花草图案的壁纸与纯色的石材拼接，让整个卫生间变得不再单调。

施工步骤

步骤1：
固定石材干挂结构框架

建筑墙体

5号镀锌角钢

石材饰面

转换成节点图

膨胀螺栓
卡式龙骨基层
双层石膏板墙面
壁纸
预留10mm×5mm工艺缝
5号镀锌角钢
石材加固条与石材黏结
石材饰面

壁纸与石材相接节点图

步骤 2：
安装卡式龙骨

步骤 3：
固定双层纸面石膏板

步骤 4：
干挂石材

步骤 5：
贴壁纸

卡式龙骨基层

膨胀螺栓

双层纸面石膏板墙面

壁纸

预留 10mm×5mm 工艺缝

石材靠壁纸一侧设置 10mm×5mm 工艺缝，安装完成后与墙面形成工艺槽，裱贴壁纸时将壁纸边缘伸进工艺槽内摸贴平整。

专题 壁纸（布）墙面设计与施工的关键点

材质分类

纯纸壁纸
图案清晰、色彩细腻、多种纹样、
透气防潮、抗污染

木纤维壁纸
环保、透气、寿命长、抗拉
伸、抗扯裂

编织类壁纸
透气、吸音、环保，但不适宜
用于潮湿环境

撒皮壁纸
极具纹理感、立体感、防霉、
防蛀，隔音、吸音效果好

云母片壁纸
效果精致，格调高雅，壁纸有弹性、
韧性和滑动性

天然壁纸
可应用于住宅
及酒店墙面

天然壁纸选购技巧。
①闻气味，气味清淡为上品。
②点燃看灰烬颜色，白色为
上品。
③泡水看是否褪色。
④滴水检测透气性。

壁纸

布面手绘壁纸
应用于墙面装饰较为常见

真丝手绘壁纸
底材为天然真丝织物，表层有轻
微珠光，质感柔和，颜色雅致

PVC 手绘壁纸
素色底的 PVC 材质，表面有涂层，
图案一般为丙烯彩绘

金箔手绘壁纸
底材为纯金箔，属于高端
产品，需要定制

手绘壁纸
一般应用于住
宅空间中

手绘壁纸选购技巧。
①样品燃烧产生白烟，无刺
鼻气味。
②表面手感光滑。
③泡水不褪色。

银箔手绘壁纸
底材为纯银箔，雅而不俗，
具有低调的奢华感

PVC 壁纸
防水，不宜变色，经久耐用，但
透气性不佳

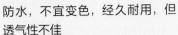

无纺布壁纸
防潮、透气、柔韧、不助燃、拉力强、
环保（可循环再用）

植绒壁纸
不反光、吸音好，无异味，不易褪色，
有明显丝绒手感

合成壁纸
一般用于家居
空间

金属壁纸
金属色调，简约中带着奢华

合成壁纸选购技巧。
①闻气味，选择无刺鼻气味
的产品。
②滴水检查壁纸防水性，观
察是否有渗入现象。
③检查壁纸对花准确性。

纯棉装饰墙布
强度大、静电小、不易变形、
易起毛、不能擦洗

锦缎墙布
花纹艳丽多彩、质感光滑细腻、
不易长霉

墙布

天然材质墙布
一般应用于住宅及
酒店墙面

丝绸墙布
质地柔软、色彩华丽、
豪华高雅

天然材质墙布选购技巧。
①看色彩是否均匀，表面整
洁度。
②质量好的摸起来柔和细腻。
③无异味。

植绒墙布
有很好的丝质感，不会
产生反光

合成墙布
可用于家居、
办公空间中

纺墙布
布纹明显，面层花纹种类较多

合成墙布选购技巧。
①色调过渡自然、对花精准。
②厚度均匀。
③检查是否防水。

化纤材质墙布
花纹图案新颖美观，透气性好，不
易褪色

玻璃纤维墙布
不易褪色、不易老化、防火性能好、
耐潮性强

⬛ 施工工艺

通过裱糊方式进行施工的材料就是裱糊材料，壁纸和墙布也可以称为裱糊材料。这类材料具有色彩多样、图案丰富、安全环保、施工便捷、价格可选择范围多样等优点，但在施工时需要注意壁纸施工工艺与墙布施工工艺不同，更要结合现场实际情况选择合适的施工工艺。

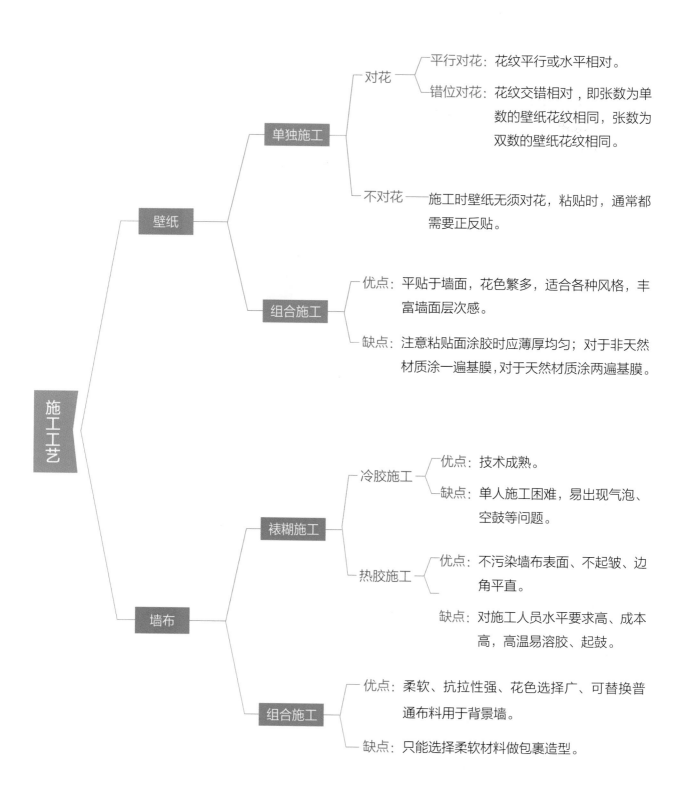

▨ 搭配技巧

壁纸、墙布与墙面造型组合

　　在选择壁纸时，需要对以下方面进行考虑，一方面是空间的风格类型，另一方面是墙面造型特征。要选用与以上两方面相呼应的壁纸，在保证空间整体感的基础上，丰富墙饰面造型层次，保证墙面美感和立体感。

用墙布制作软包或硬包时，可以搭配一些线条来丰富造型，同时做收边使用。若追求现代感，可使用不锈钢条、钨钢条等材料；若追求复古感，则可使用木线条。

背景墙的壁纸与两边的饰面板之间用金属收口条过渡，将墙面分隔成三块，突出对称感，迎合新中式风格。

壁纸结合乳胶漆打造空间层次

空间氛围营造讲究韵律感与秩序感，所谓韵律感就是要求空间内要有明确的主次关系。墙面是打造空间主次关系的手段之一，可以局部使用跳跃而又不突兀的色彩聚焦墙面作为视觉焦点，剩下的墙面采用沉稳的设计区分层次。

沙发背景墙贴着图案夸张却极具风格感的壁纸作为墙面的装饰，除搭配米色和浅蓝色乳胶漆区分墙面层次外，还在墙面搭配了一些线条来丰富造型。

墙面上半部分使用壁纸，下半部分使用护墙板装饰，涂饰了粉色乳胶漆的护墙板与壁纸形成了冷暖的对比，丰富了空间层次，而且让空间更有装饰感。

壁纸风格与空间氛围做呼应

壁纸这种材料有各种风格类型的图案花色纹样，具有满足各种室内风格的优点。所以在进行墙面设计时建议从室内风格入手，选择每种风格的代表性图案，更容易获得协调的效果。

背景墙使用花鸟图案的壁纸，充分展现出新中式风格的古雅气质。除此之外，小面积手绘壁纸通常为整幅，无须对花施工，施工比较方便。

一眼看去客厅非常简约清新，整个空间呈现灰白的氛围，搭配巨幅的绿植装饰壁纸，格外美观，也让整个沙发背景墙不再单调，整个客厅空间变得更加清新。

利用壁纸花型调整空间比例

壁纸的图案对居室的效果存在不同的影响，例如大花能够让墙面看起来比实际要小一些；反之，花纹越小越能够在视觉上扩大墙面的面积，条纹壁纸还能够在视觉上营造空间的延伸感。所以合理选择壁纸图案，能够在一定程度上起到解决户型缺陷的作用。

大花型的壁纸，在视觉上缩小了墙面的面积，减弱了墙面的空旷感，增加墙面造型的同时使空间的软装布置更加饱满立体。

床头墙面采用壁纸，其余墙面皆采用护墙板装饰，涂饰了粉色乳胶漆的护墙板与壁纸形成了冷暖的对比，丰富了空间层次，而且让空间更有装饰感。

不同色系营造不同空间氛围

 浅色花纹墙布　　 米灰色护墙板

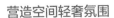

营造空间轻奢氛围

用浅色无缝墙布装饰背景墙，可避免出现拼花不正确的情况，美观、耐用，同时根据室内设计需要搭配米灰色护墙板给人轻奢的感觉，与精美的欧式家具呼应。

 灰色系壁纸　　 灰色系乳胶漆

辅助打造清晰空间层次

色系相同的两种材质让空间更有整体感，壁纸上花纹的颜色与床单、窗帘等软装相呼应；同时沉稳的灰色衬托房间中鲜艳的颜色，层次主次分明。

 浅色系壁纸
 木纹装饰板

营造国风古典气氛

深色木纹装饰板单独做墙面装饰会稍显沉闷，但与浅色的壁纸搭配则弱化了厚重感，国风图案的壁纸让空间更有中式韵味。

简约的现代个性

 低明度乳胶漆
 白色乳胶漆

整个无彩色系的空间，因为墙面的壁纸而显得不那么冷硬，反而彰显出简约感和现代个性感。

 水墨手绘壁纸 深色系硬包墙面

打造新中式空间气质

在新中式风格的室内环境中，可以使用国风水墨主题的手绘壁纸，突出中国传统文化的空间主题，墙面背景使用深色系，恰好平衡了空间中的漂浮感，增添了沉稳气质。

融入时尚年轻气息

 手绘涂鸦壁纸 浅色护墙板

在沉稳的空间中，利用手绘涂鸦壁纸为空间融入年轻跃动的气息，平衡空间中的严肃感，更符合年轻人的性格特点。

石材

　　石材因其美观且独特的装饰效果和耐磨、经久耐用等物理特点，一直备受设计师们的青睐，在家具设计中始终占有一席之地。天然石材因其自身所具有的自然天性，花纹和颜色应有一种随机的美感，每一块石材都是独一无二的，会给人一种特别的惊喜，因此天然石材的需求量逐步增大。随着科技的发展，人造石材的种类也在不断增多，并广泛应用在室内。

第四章

节点 23. 石材贴墙干挂墙面

施工步骤

局部使用天然石材做装饰，可以达到非常自然、突出的效果，相比满墙铺满石材也能节省预算。

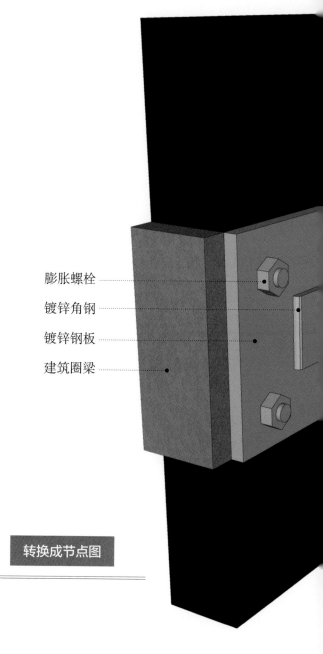

膨胀螺栓
镀锌角钢
镀锌钢板
建筑圈梁

转换成节点图

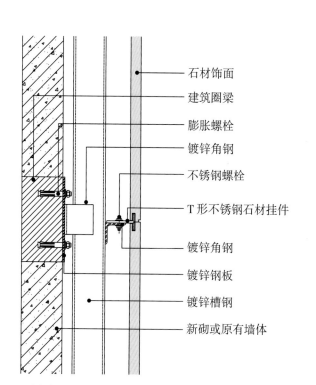

石材饰面
建筑圈梁
膨胀螺栓
镀锌角钢
不锈钢螺栓
T形不锈钢石材挂件
镀锌角钢
镀锌钢板
镀锌槽钢
新砌或原有墙体

石材贴墙干挂墙面节点图

步骤1:
预埋钢板

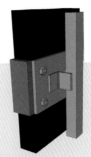

步骤2:
焊接镀锌槽钢

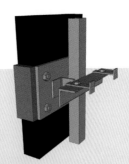

步骤3:
固定不锈钢石材挂件

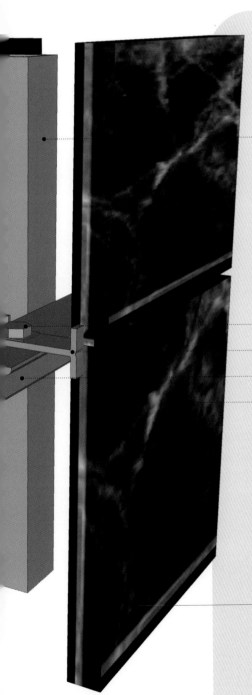

步骤4:
石材安装

镀锌槽钢

不锈钢螺栓

T 形不锈钢石材挂件

镀锌角钢

石材饰面

对施工人员进行石材干挂技术交底时,应强调技术措施、质量要求和成品保护。弹线必须准确,经复验后方可进行下道工序。固定的角钢和平钢板应安装牢固,并应符合设计要求,应用护理剂对石材的六个表面进行防护处理。

节点 24. 石材贴墙干挂墙面（阳角）

黑白大理石修饰着原本沉重、无趣的墙柱面，让空间显得更有层次感。

施工步骤

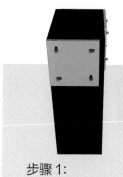

步骤1：
预埋钢板

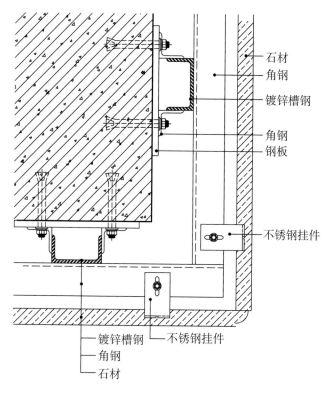

石材
角钢
镀锌槽钢
角钢
钢板
不锈钢挂件

转换成节点图

镀锌槽钢
不锈钢挂件
角钢
石材

石材贴墙干挂墙面（阳角）节点图

步骤 2：
焊接镀锌槽钢

步骤 3：
焊接基层钢架

步骤 4：
安装不锈钢挂件

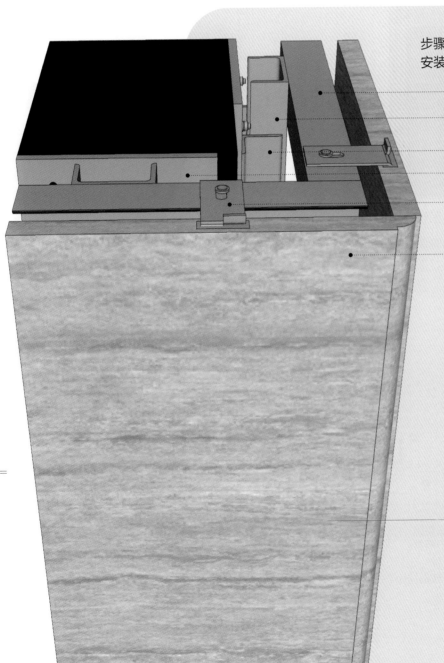

步骤 5：
安装石材

角钢

镀锌槽钢

角钢
钢板

不锈钢挂件

石材

石材干挂的施工方法是以金属挂件将饰面石材直接吊挂于墙面或空挂于钢架之上，不需要再灌浆粘贴。其原理是在主体结构上设主要受力点，通过金属挂件将石材固定在建筑物上，形成石材装饰。

节点 25. 石材贴墙干挂墙面（阴角）

步骤 1：
预埋钢板

施工步骤

有些石材如大理石重量较大，且因经钢材固定后厚度大、占用空间多，故作为隔墙时，通常用在客厅中。

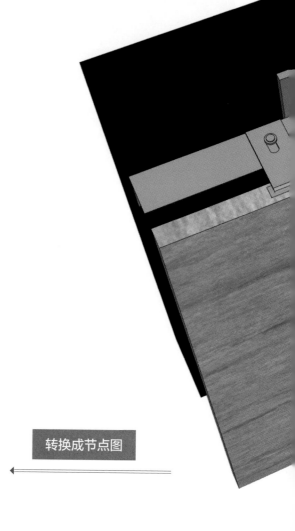

转换成节点图

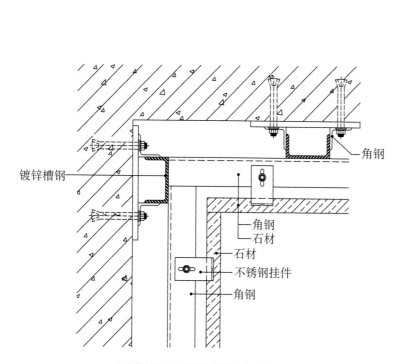

镀锌槽钢

角钢

角钢
石材

石材
不锈钢挂件
角钢

石材贴墙干挂墙面（阴角）节点图

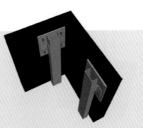

步骤 2:
焊接镀锌槽钢

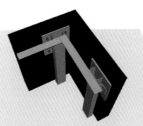

步骤 3:
焊接基层钢架

步骤 4:
安装不锈钢挂件

步骤 5:
安装石材

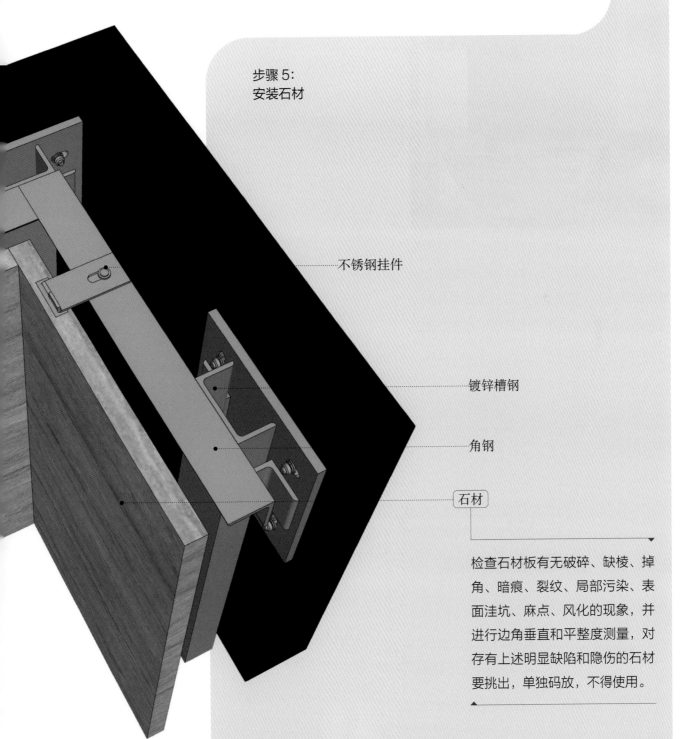

不锈钢挂件

镀锌槽钢

角钢

石材

检查石材板有无破碎、缺棱、掉角、暗痕、裂纹、局部污染、表面洼坑、麻点、风化的现象，并进行边角垂直和平整度测量，对存有上述明显缺陷和隐伤的石材要挑出，单独码放，不得使用。

节点 26. 石材离墙干挂墙面

在运用天然石材作为墙饰面时，要特别关注石材规格和纹路走向，如大理石的纹路走向是比较随机的，想要达到比较好的最终效果，可先用石板的高清照片做预排，以检查纹理的衔接是否符合设计效果。

施工步骤

步骤1：
安装竖向槽钢

检查石材板有无破碎、缺棱、掉角、暗痕、裂纹、局部污染、表面洼坑、麻点、风化的现象，并进行边角垂直和平整度测量，对存有上述明显缺陷和隐伤的石材要挑出，单独码放，不得使用。

石材

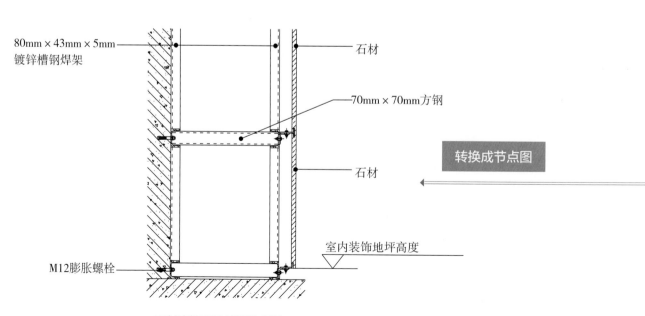

80mm × 43mm × 5mm
镀锌槽钢焊架

石材

70mm × 70mm方钢

石材

转换成节点图

室内装饰地坪高度

M12膨胀螺栓

石材离墙干挂墙面节点图

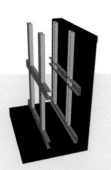

步骤 2：
水平嵌入同等规格槽钢

步骤 3：
焊接方钢形成钢架

步骤 4：
将镀锌角钢与钢架固定

步骤 6：
安装石材

步骤 5：
安装不锈钢 T 形挂件

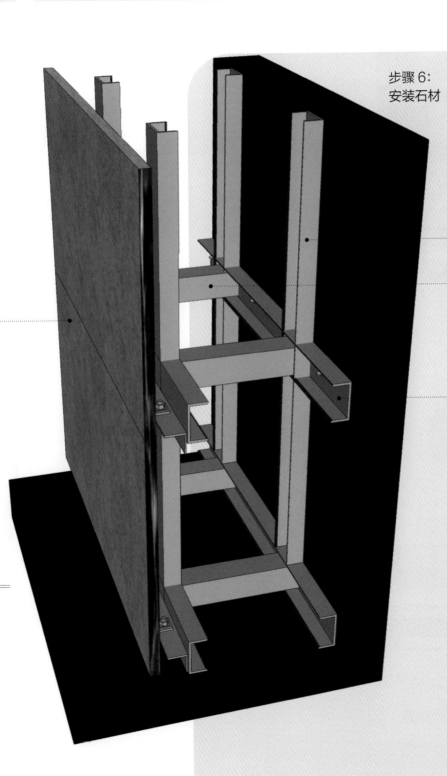

80mm × 43mm × 5mm
镀锌槽钢焊架

70mm × 70mm 方钢

镀锌槽钢

节点 27. 石材干粘墙面

墙面石材也会做成墙面砖的形式，这样可以更为多样地装饰室内墙面。

施工步骤

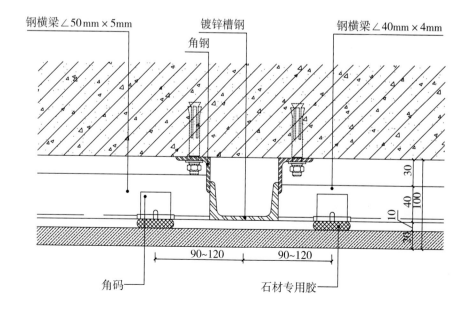

钢横梁∠50mm×5mm　　镀锌槽钢　　钢横梁∠40mm×4mm

角钢

转换成节点图

90~120　　90~120

角码　　　　　　　石材专用胶

石材干粘墙面节点图

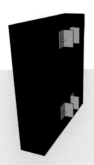

步骤1：
固定角钢

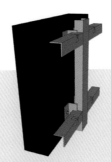

步骤2：
安装钢架

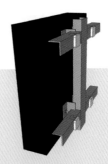

步骤3：
在角码开孔处涂抹胶体

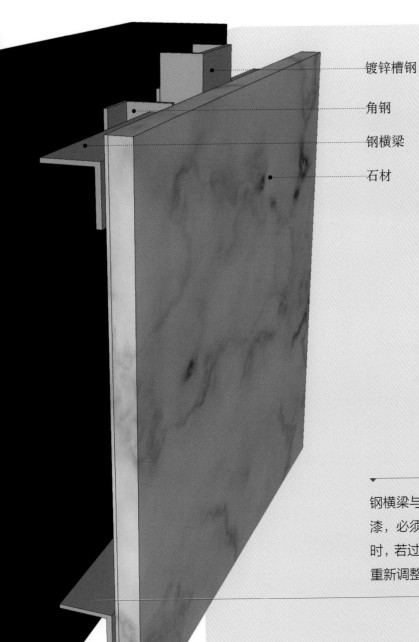

镀锌槽钢

角钢

钢横梁

石材

步骤4：
粘贴石材

钢横梁与角码粘接点处，如果刷有防锈漆，必须用角磨机将其磨去。板块调平时，若过度压缩了胶堆，则应取下石板，重新调整胶堆厚度后再进行粘贴。

节点 28. 石材锚栓干粘固定墙面

将石材分割成马赛克的形式以适应不同弧度墙面的表面铺贴，马卡龙色系的墙面颜色新，有利于营造舒适温馨的环境氛围。

施工步骤

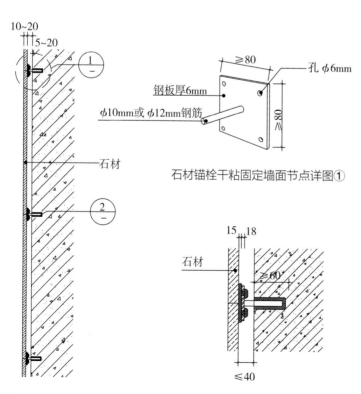

孔 φ6mm

钢板厚6mm

φ10mm或 φ12mm钢筋

≥80

≥80

石材锚栓干粘固定墙面节点详图①

10~20

5~20

石材

石材

转换成节点图

15 18

≥60

≤40

石材锚栓干粘固定墙面剖面图　　　石材锚栓干粘固定墙面节点详图②

步骤 1：
固定角钢

步骤 2：
安装钢架

步骤 3：
在角码开孔处涂抹胶体

步骤 4：
粘贴石材

建筑墙体

钢板

石材

石材之间粘贴固定的用胶厚度不得小于 3mm，为保证效果，若粘贴面过于光滑，必须做粗糙处理，且影响黏合效果的杂物必须清除。

节点 29. 石材与不锈钢相接

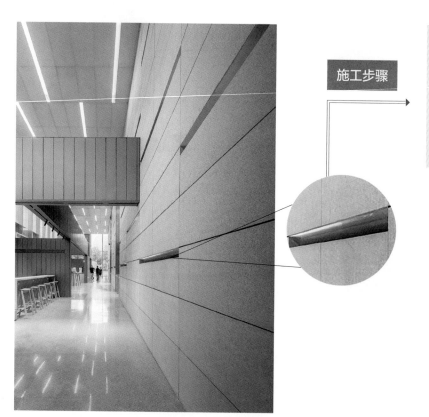

石材通过小面积地与发黑的不锈钢相接，
营造典雅氛围的同时，可有效提升空间的格调。

施工步骤

步骤 1：
隔墙结构框架固定

40mm × 60mm 方管

防火夹板

软硬包
水泥压力板加钢丝网加固
40mm × 60mm 方管
水泥压力板加钢丝网加固
黏结剂
石材饰面

防火夹板

转换成节点图

12mm厚不锈钢

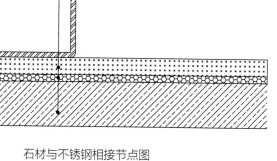

石材与不锈钢相接节点图

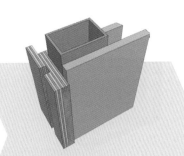

步骤 2：
板材安装

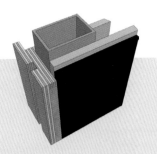

步骤 3：
刷涂石材专用胶

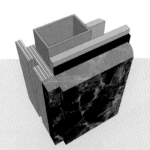

步骤 4：
铺贴石材

步骤 6：
嵌入石材

步骤 5：
粘贴不锈钢

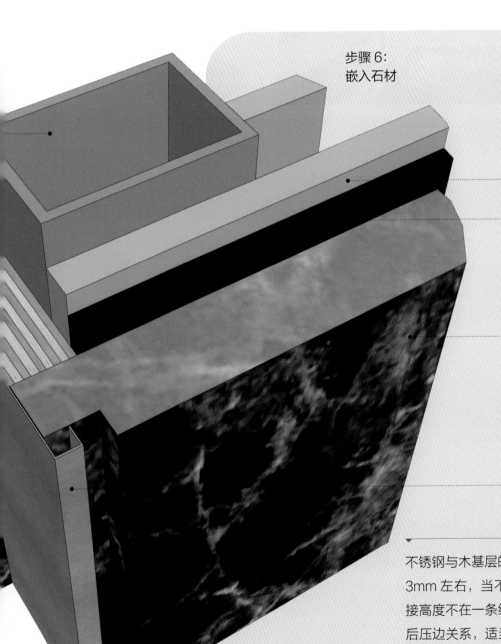

水泥压力板加钢丝网固定

黏结剂

石材饰面

1.2mm 厚不锈钢

不锈钢与木基层的粘接厚度应在
3mm 左右，当不锈钢与石材拼
接高度不在一条线上时应注意前
后压边关系，适当预留工艺缝。
在施工时不应将不锈钢表层保护
膜撕去。

节点 30. 石材与木饰面相接

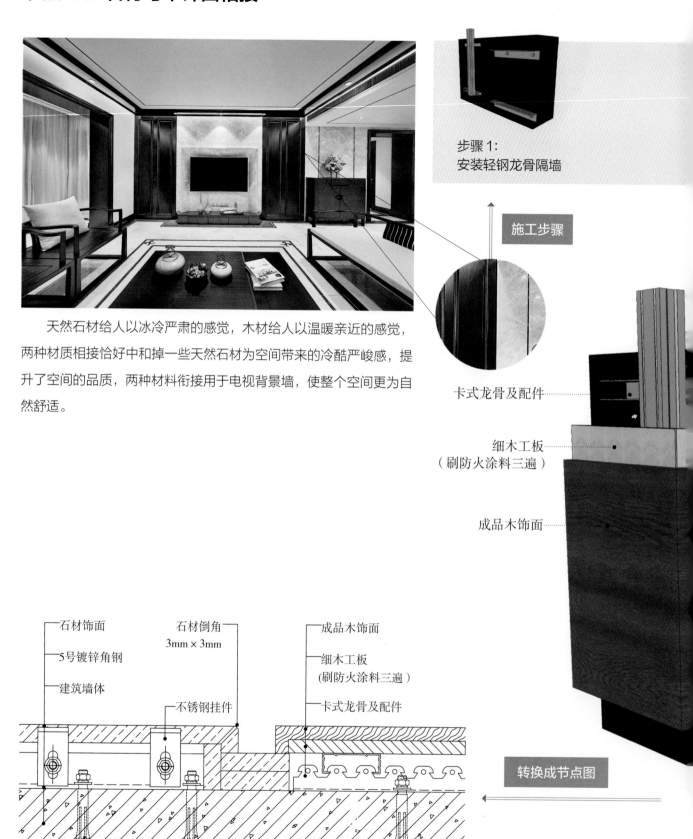

天然石材给人以冰冷严肃的感觉，木材给人以温暖亲近的感觉，两种材质相接恰好中和掉一些天然石材为空间带来的冷酷严峻感，提升了空间的品质，两种材料衔接用于电视背景墙，使整个空间更为自然舒适。

步骤 1：
安装轻钢龙骨隔墙

施工步骤

卡式龙骨及配件

细木工板
（刷防火涂料三遍）

成品木饰面

石材饰面
5号镀锌角钢
建筑墙体

石材倒角
3mm × 3mm

不锈钢挂件

成品木饰面
细木工板
（刷防火涂料三遍）
卡式龙骨及配件

转换成节点图

石材与木饰面相接节点图

步骤 2:
安装不锈钢挂件

步骤 3:
木基层基础固定

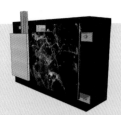

步骤 4:
铺贴石材

步骤 5:
安装成品木饰面

建筑墙体

不锈钢挂件

5 号镀锌角钢

选用指定 20mm 厚石材,加工 3mm×3mm 的倒角。为保证石材与木饰面拼接缝完整,对石材进行抛光处理。

节点 31. 石材与软硬包相接

施工步骤

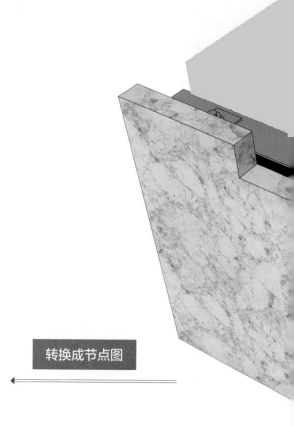

步骤 1：
轻钢龙骨隔墙制作

石材与硬包相接的墙面最常用作背景墙，石材的立体感提升了空间的档次，硬包则起到柔化整体空间氛围的作用。

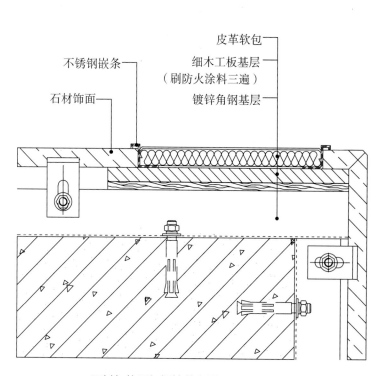

皮革软包
不锈钢嵌条
细木工板基层
（刷防火涂料三遍）
石材饰面
镀锌角钢基层

转换成节点图

石材与软硬包相接节点图

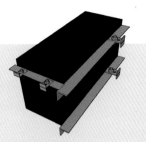

步骤 2:
安装不锈钢挂件

步骤 3:
固定木基层

步骤 4:
细木工板固定

步骤 6:
成品软硬包安装

步骤 5:
铺贴石材

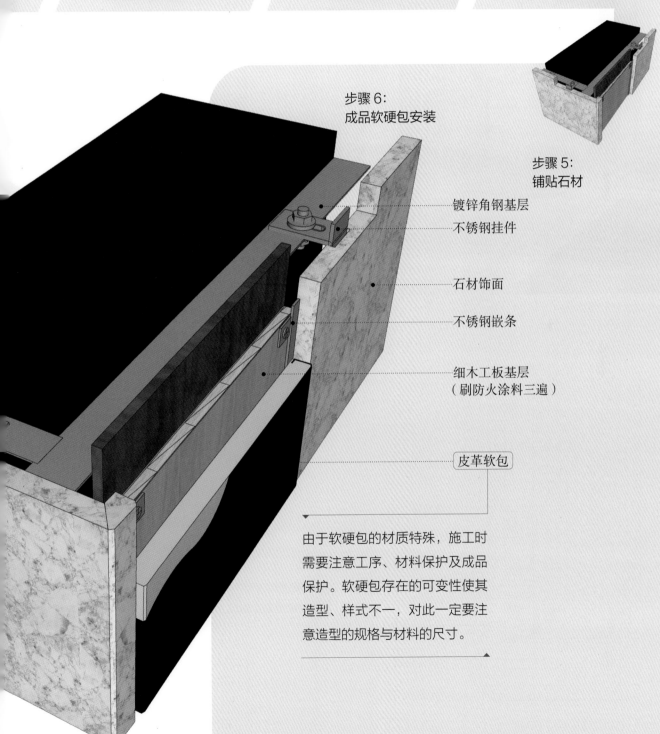

镀锌角钢基层

不锈钢挂件

石材饰面

不锈钢嵌条

细木工板基层
（刷防火涂料三遍）

皮革软包

由于软硬包的材质特殊，施工时
需要注意工序、材料保护及成品
保护。软硬包存在的可变性使其
造型、样式不一，对此一定要注
意造型的规格与材料的尺寸。

节点 32. 石材与墙砖相接

墙面采用大面积石材，不规则纹路与自然色营造出现代优雅的都市感，与同色系的瓷砖搭配，丰富墙面层次。

施工步骤

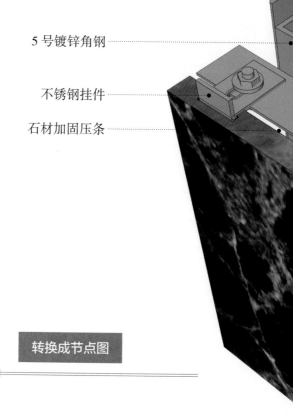

5 号镀锌角钢

不锈钢挂件

石材加固压条

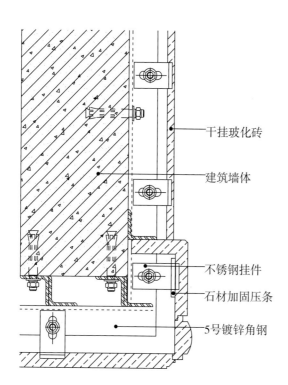

干挂玻化砖

建筑墙体

不锈钢挂件

石材加固压条

5号镀锌角钢

转换成节点图

石材与墙砖相接节点图

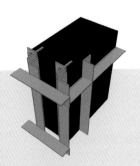

步骤1：
基层钢架施工

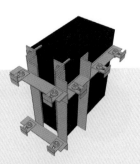

步骤2：
安装不锈钢挂件

步骤3：
铺贴石材

步骤4：
干挂墙砖

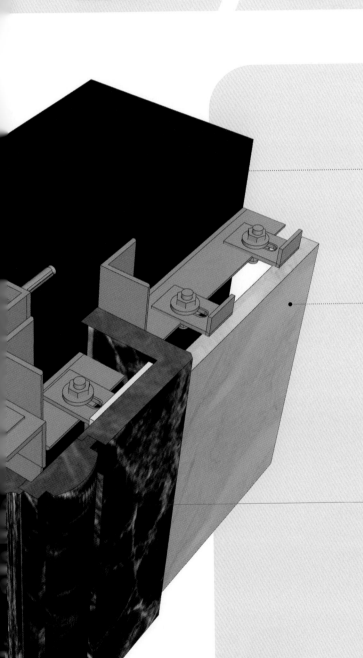

建筑墙体 ....

干挂玻化砖 ....

对于石材，用普通硅酸盐水泥配细砂或粗砂铺贴，或用石材专用AB胶铺贴。对于墙砖，用普通硅酸盐水泥或胶泥铺贴。石材做好六面防护。

专题 石材墙面设计与施工的关键点

材质分类

棕色系
咖啡色，带有朦胧底纹，
适合局部使用

灰色系
柔和、沉稳、优雅，
可大面积使用

白色系
简洁、明亮，可大面积使用

米黄色系
简洁、温馨，可大面积使用

大理石
适用于展示空
间、商业空间及
家居空间的墙面
室内设计

大理石选购技巧。
①检查外观质量，无明显
缺陷为优品。
②选择色调基本一致、色
差较小、花纹美观的产品。
③优等品光泽度较好，具
有镜面光泽。

黑色系
庄严、肃穆，适合局部使用

红色系
颜色鲜艳、华丽，适合小面
积使用

天然石材

白色系
浅色白底带有青烟纹
理，沉稳而又灵动，
可大面积用于室内

洞石
多用于居家空间中，
如客厅、餐厅、书房、
卧室及电视背景墙

黄色系
纹理跳跃、洒脱，
可用于室内背景墙

洞石选购技巧。
①最好去工厂挑选。
②质量好的洞石多为欧洲国家进口，
意大利、西班牙等国家的产品比较好。
③根据使用面积选尺寸。

玉洞石
天然纹理，质感丰富，彰显
天然尊贵气息，可大面积用
于室内背景墙

花岗岩选购技巧。
①观察表面结构，质地细腻的
为上品。
②敲击，声音清脆的质量较好。
③在样品表面滴墨，如果墨迹
不移动则为上品。

红色系
华丽，颜色鲜艳、浓烈，
适合小面积使用

花岗岩
在家居空间的地
面更为常见

棕色系
百搭，但种类较少

花白色系
白底，带有底纹

黄色系
温馨、纹理多样

黑色系
色彩最暗，小空间内使用

红色系
亚光质感，多为暗红色或
朱红色，室内小面积使用

绿色系
适合地面做小面积
点缀或做浮雕

黄色系
黄色或米黄色，使用频率较高，
较少用于地面

灰色系
颜色百搭，可随意使用

砂岩选购技巧。
①听敲击声，清脆悦耳的为上品。
②优等品表面拥有均匀的细料，
质感细腻。

砂岩
在商业空间和家
居空间的地面中
较为常见

黑色系
有浓黑、浅黑色，较少
大面积使用

木纹
类似木纹的纹理，可大面积用
于地面

板岩
在商业空间和家
居空间的墙面更
为常见

黑色系
底色为黑色，夹杂黑色条
纹纹理，用于室内墙面

绿色系
无明显纹理变化，可用于
墙面

板岩选购技巧。
①优质板岩，色彩分布均匀，不
含太多杂色。
②优等品表面无粗糙感。
③看检测报告，根据国家标准，
室内空间应使用A类。

灰色系
带状条纹，纹理独特、层次分
明，可用于室内背景墙

米黄色系
纹理如飘浮的青烟或白云，华
丽而妖娆，用于室内背景墙

条纹
质地细腻，纹理清晰、灵动、
洒脱，常用于室内背景墙

玉石
常用于商业空间
及酒店空间中

绿色系
自然界中材料稀少，质地细腻，
纹理温婉，用于背景墙面

玉石选购技巧。
①优等玉石具有油脂光泽，透
明度较强。
②敲击玉石，声音清脆的则是
天然玉石。

蓝色系
华丽大气，常用
于室内背景墙面

红色系
纹理为彩条脉丝状，为拼接、
追纹设计，可用于室内背景墙

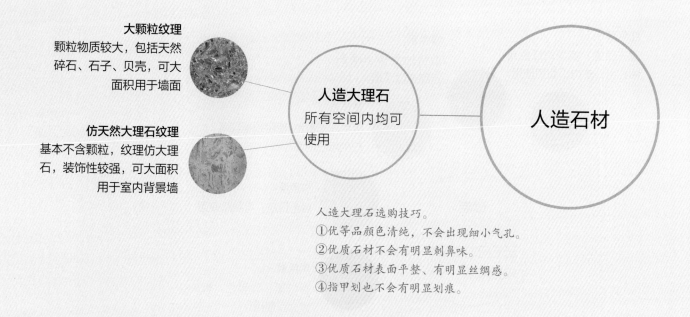

大颗粒纹理
颗粒物质较大，包括天然碎石、石子、贝壳，可大面积用于墙面

仿天然大理石纹理
基本不含颗粒，纹理仿大理石，装饰性较强，可大面积用于室内背景墙

人造大理石
所有空间内均可使用

人造石材

人造大理石选购技巧。
①优等品颜色清纯，不会出现细小气孔。
②优质石材不会有明显刺鼻味。
③优质石材表面平整、有明显丝绸感。
④指甲划也不会有明显划痕。

施工工艺

石材应用于墙面时，天然石材与人造石材的施工工艺大体相同，都分为干挂、湿挂、干贴、湿贴，其中湿贴又分为胶粘法和砂浆黏结法。

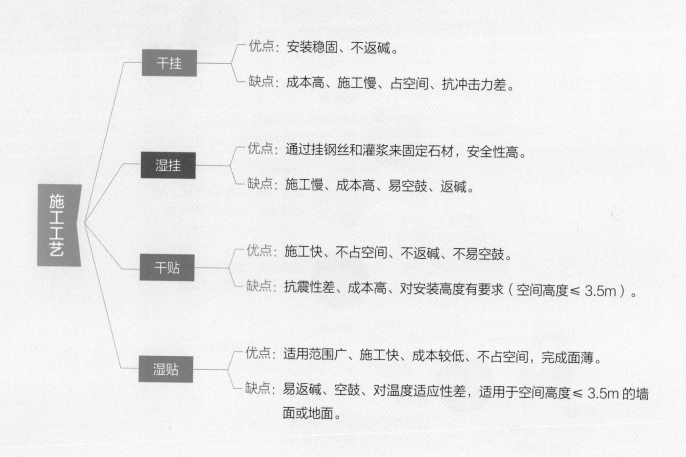

施工工艺

干挂
优点：安装稳固、不返碱。
缺点：成本高、施工慢、占空间、抗冲击力差。

湿挂
优点：通过挂钢丝和灌浆来固定石材，安全性高。
缺点：施工慢、成本高、易空鼓、返碱。

干贴
优点：施工快、不占空间、不返碱、不易空鼓。
缺点：抗震性差、成本高、对安装高度有要求（空间高度 ≤ 3.5m）。

湿贴
优点：适用范围广、施工快、成本较低、不占空间，完成面薄。
缺点：易返碱、空鼓、对温度适应性差，适用于空间高度 ≤ 3.5m 的墙面或地面。

搭配技巧

整板或墙面可用人造石

　　人造石与天然石材相比尺寸较灵活，且可无缝拼接。小面积的背景墙对纹理的自然感要求不高，因此，需用整板或做无缝设计时，就可采用仿大理石纹理的人造石，代替天然石材做装饰。

用灰色整板人造石装饰背景墙，使墙面整体的简洁感和块面感更强。

使用纹理较为夸张的大理石用于电视背景墙，丰富空间层次，突出主次。

根据纹理决定使用面积

　　天然石材如大理石的纹理比较随机，可以分为两种：一种是纹理和底色相差小且较规则的类型，此类既能用于大面积装饰，也能用于局部小面积装饰；另一种则花纹较为随意夸张，这种更适合在背景墙上小面积使用。

搭对材料才能强化风格特征

　　石材是非常百搭的一种装饰材料，同一款石材可能既适合现代风格又适合古典风格。在使用时，可以搭配具有明显风格倾向的其他材料来强化风格特征，若想强化现代感，可搭配金属或玻璃等材料。

质感粗糙的天然板岩石材与表面光滑的木饰面板搭配，粗犷与细腻的结合，呈现出简约但不失个性的现代风格。

背景墙面用石材搭配金色金属，强化了现代感，但也保留了石材的随性感，结合在一起就有新旧融合的氛围。

不同色系营造不同空间氛围

白色系大理石

天然板岩

呈现简约又干净的现代感

白色系大理石带着灰色纹路，显得简约而不单调，搭配上近黑色的板岩，组合出非常现代的感觉。

蓝色系大理石

浅色系木饰面

更凸显格调感

浅蓝云纹石墙可以给人留下深刻的印象，自然却浑然天成的纹路图案，搭配浅色系木饰面，改变了传统中死板的办公空间印象，非常有格调。

 浅色系石材　　 深色系石材

营造优雅的氛围

石材独特的花纹点缀着空间，浅色系石材大面积地铺贴，奠定了优雅、简约的氛围，深色系石材的加入，使整个空间在协调中寻求冲突，在微妙的反差中获得鲜明的互补平衡。

增添大气的复古韵味

 黄色系石材　　 浅色系木饰面

色系相近的两种材质让空间更有整体感，夸张的石材花纹，丰富了空间层次，让背景墙更有张力。

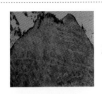 灰色系石材　　 深色系木饰面

 塑造轻奢空间气氛

两种沉稳色系的材质衔接"碰撞"，共同打造厚重的空间感，再结合石材的纹理，增加整体空间流动气息。

强化空间质感

 灰色系大理石　　 浅色护墙板

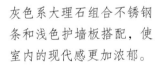

灰色系大理石组合不锈钢条和浅色护墙板搭配，使室内的现代感更加浓郁。

金属

　　金属类的饰面墙指用金属板装饰墙面，金属板具有保温隔热、防水阻燃、轻质抗震、施工便捷、隔音降噪、绿色环保、美观耐久等特性，因此被广泛地运用在家装的墙面装饰中。墙面金属板的主要类型有：铝合金装饰板、彩色涂层钢板、镁铝曲面板、不锈钢装饰板、铝塑板等材料，其中使用最多的为铝合金装饰板。

第五章

节点 33. 轻钢龙骨基层金属挂板墙面

施工步骤

步骤 1：
固定基层龙骨

将金属应用于酒店、餐厅、宾馆等商业建筑的走廊墙面，能够明确分隔空间的同时，延展走廊空间并增加空间设计感。

在轻钢龙骨基层金属挂板上安装面板时，要轻轻安装，随时用压条压紧。安装一块，清理一块，拉线控制平整度、平直度。金属板缝高低差不超出 1mm，表面平整度控制在 2mm 以内。

转换成节点图

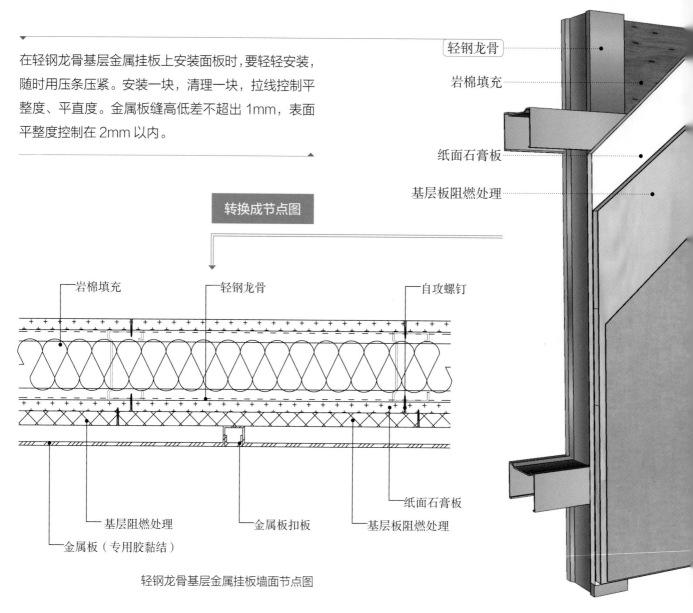

轻钢龙骨

岩棉填充

纸面石膏板

基层板阻燃处理

岩棉填充　　　轻钢龙骨　　　自攻螺钉

基层阻燃处理　　　金属板扣板　　　基层板阻燃处理

金属板（专用胶黏结）　　　　　纸面石膏板

轻钢龙骨基层金属挂板墙面节点图

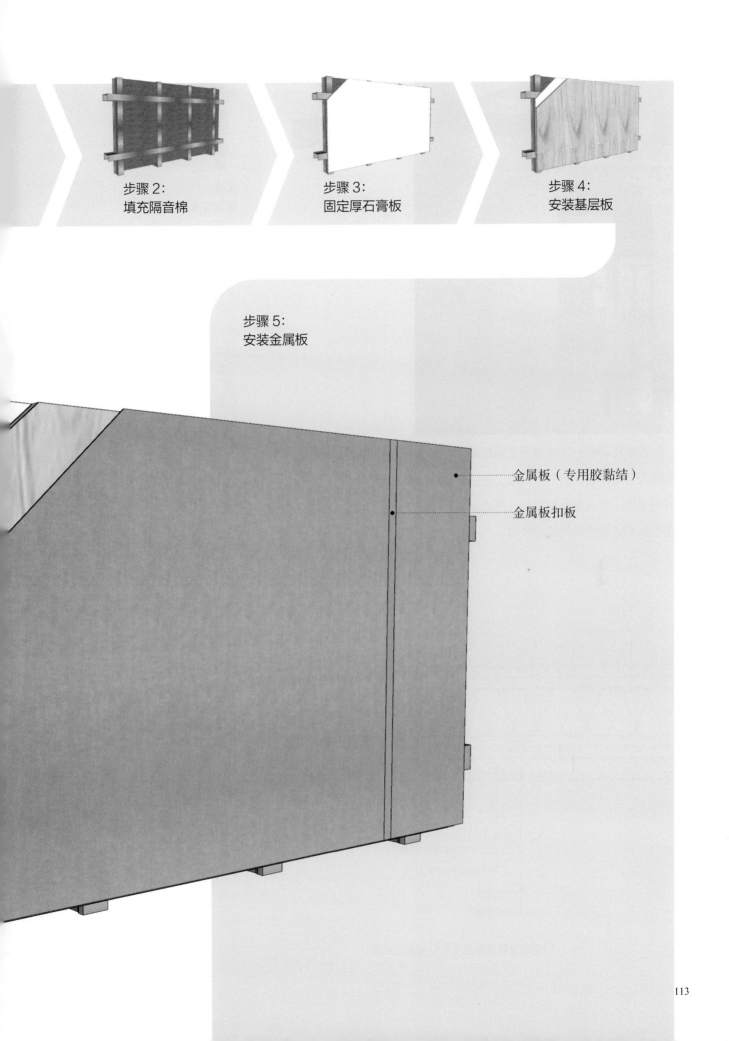

步骤 2:
填充隔音棉

步骤 3:
固定厚石膏板

步骤 4:
安装基层板

步骤 5:
安装金属板

金属板（专用胶黏结）

金属板扣板

节点 34. 轻钢龙骨基层金属板粘贴墙面

在暗色调的空间中使用金属板墙面，呼应空间设计艺术性的同时，突出了空间未来科技感的氛围。金属板反射灯光，营造出光影律动感，起到活跃空间气氛的作用。

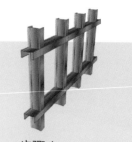

施工步骤

步骤1：
安装龙骨

岩棉填充

轻钢龙骨

转换成节点图

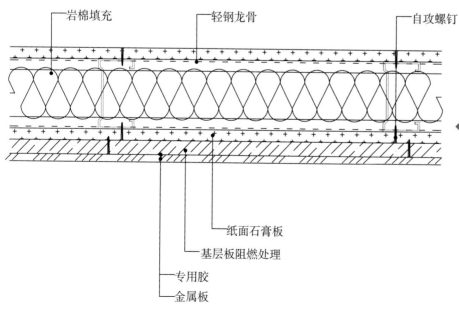

岩棉填充　　　轻钢龙骨　　　自攻螺钉

纸面石膏板
基层板阻燃处理
专用胶
金属板

轻钢龙骨基层金属板粘贴墙面节点图

步骤 2：
填充隔音棉

步骤 3：
固定纸面石膏板

步骤 4：
安装基层板

步骤 6：
粘贴金属板

········ 纸面石膏板
········ 基层板阻燃处理
········ 专用胶
········ 金属板

步骤 5：
涂刷金属板粘贴专用胶

轻钢龙骨基层金属板粘贴在墙面上时，
表面应平整、洁净、色泽均匀，无划痕、
翘曲，无波形折光，搭接严密，无缝隙。
金属板接头、接缝平整。

节点 35. 加气砌块基层干挂金属板墙面

施工步骤

步骤 1：
基层处理

在现代简约风格的室内空间中，可以将客厅背景墙采用金属板饰面装饰，体现空间利落感与整洁感，但是在用于电视背景墙时，应注意做绝缘处理。

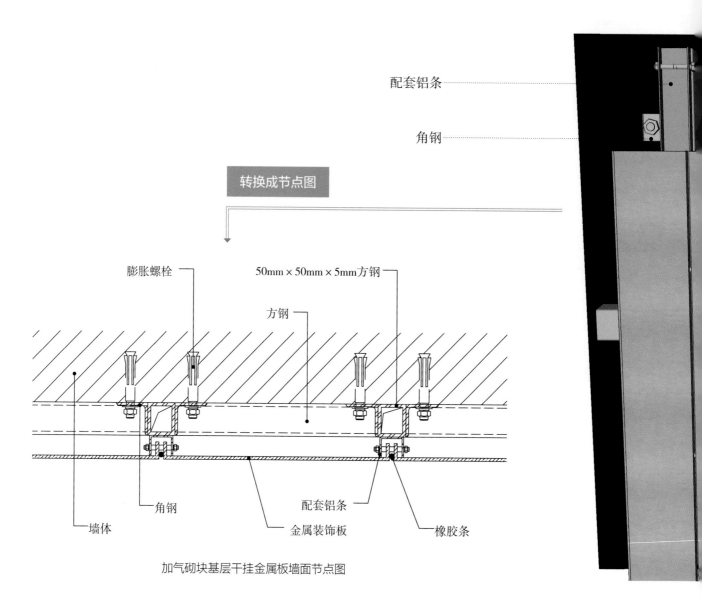

配套铝条

角钢

转换成节点图

膨胀螺栓

50mm × 50mm × 5mm方钢

方钢

角钢

墙体

配套铝条

金属装饰板

橡胶条

加气砌块基层干挂金属板墙面节点图

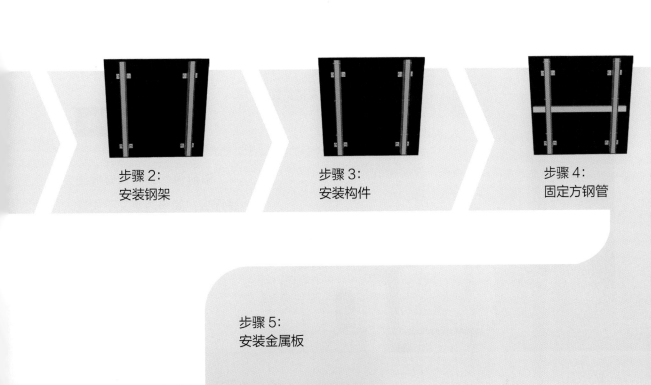

步骤 2：
安装钢架

步骤 3：
安装构件

步骤 4：
固定方钢管

步骤 5：
安装金属板

墙体

方钢

膨胀螺栓

金属装饰板

50mm × 50mm × 5mm 方钢

橡胶条

金属装饰板是采用金属板为基材，经过加工成形后，表面喷涂装饰性涂料的一种装饰材料，具有加工性能好、易于施工和维护等特点。

节点 36. 混凝土基层金属挂板墙面

施工步骤

银灰色的金属板做墙面装饰板，简单清爽又不失轻奢的时尚高级感，使室内更加具有独特的个性。

建筑墙体 ········
膨胀螺栓 ········

角钢 ········

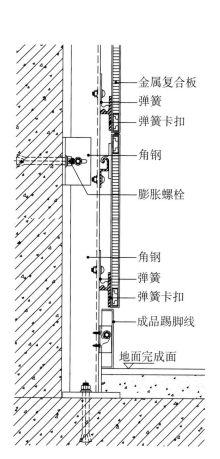

金属复合板
弹簧
弹簧卡扣

角钢

膨胀螺栓

角钢
弹簧
弹簧卡扣

成品踢脚线

地面完成面

转换成节点图

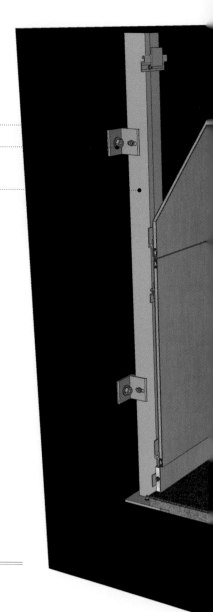

混凝土基层金属挂板墙面节点图

步骤 1：
安装钢架

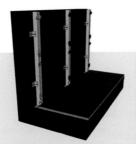

步骤 2：
安装挂件

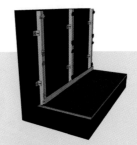

步骤 3：
安装踢脚线

步骤 4：
安装金属复合板

金属复合板

在金属挂板安装完后，如要铺设
硅胶、胶条或型材，应将板面上
的保护膜撕开，并及时将板面上
的污染物清理干净。

成品踢脚线

地面完成面

节点 37. 混凝土基层金属板粘贴墙面

用金属板作为墙饰面不仅在视觉上能够起到拓宽空间的作用，还能够带来一种利落感。

施工步骤

步骤 1:
安装轻钢龙骨卡件

转换成节点图

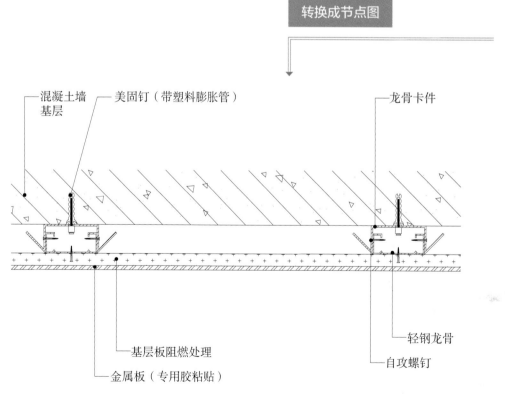

混凝土墙基层
美固钉（带塑料膨胀管）
龙骨卡件
基层板阻燃处理
金属板（专用胶粘贴）
轻钢龙骨
自攻螺钉

混凝土基层金属板粘贴墙面节点图

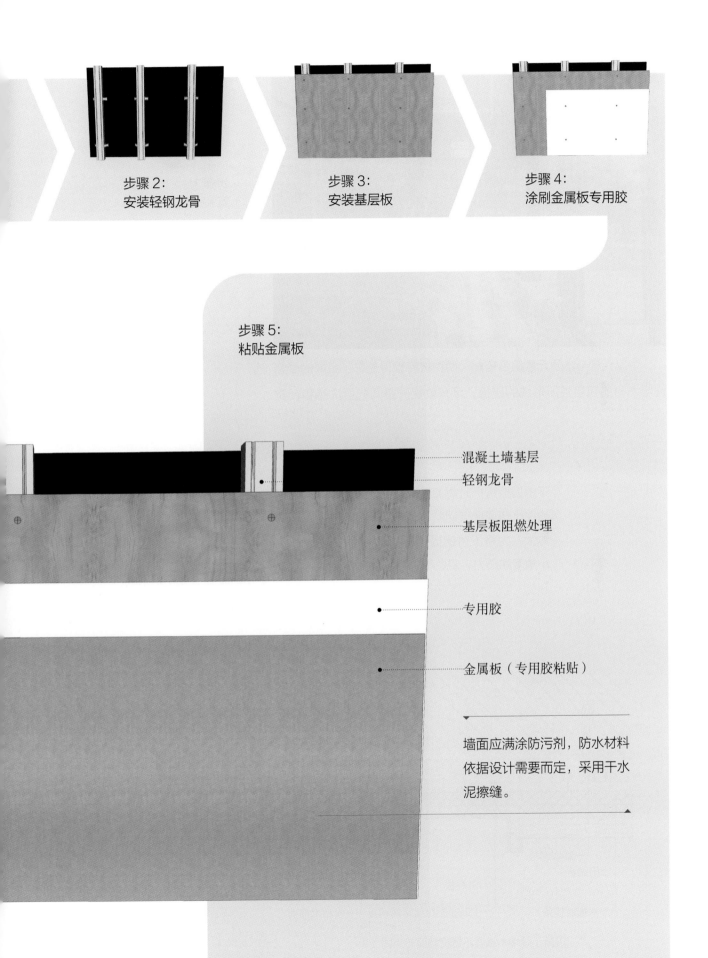

步骤 2:
安装轻钢龙骨

步骤 3:
安装基层板

步骤 4:
涂刷金属板专用胶

步骤 5:
粘贴金属板

混凝土墙基层
轻钢龙骨

基层板阻燃处理

专用胶

金属板（专用胶粘贴）

墙面应满涂防污剂，防水材料
依据设计需要而定，采用干水
泥擦缝。

节点 38. 混凝土隔墙木基层不锈钢墙面

步骤1：
安装卡式龙骨

施工步骤

金属元素与木质元素组合搭配，两种材料相得益彰。金属的侵略性与木材的包容性所形成的碰撞，可有效提升空间的层次感和视觉效果。

不锈钢板弯折时需加热至炽热，因为不锈钢的导热性比普通低碳钢差，延伸率低，导致所需变形力大，为将不锈钢板弯折90°，应使用设计更小角度的压力，避免出现裂纹，影响强度。

1.2mm 厚拉丝不锈钢板

转换成节点图

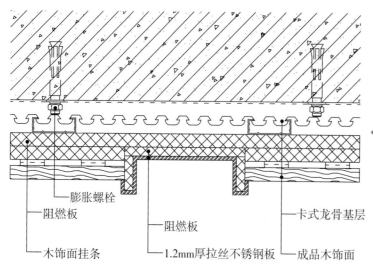

膨胀螺栓
阻燃板
木饰面挂条
阻燃板
1.2mm厚拉丝不锈钢板
卡式龙骨基层
成品木饰面

混凝土隔墙木基层不锈钢墙面节点图

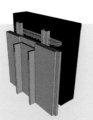

步骤 2：
阻燃板基层处理

步骤 3：
安装不锈钢

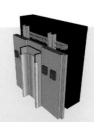

步骤 4：
固定木饰面挂条

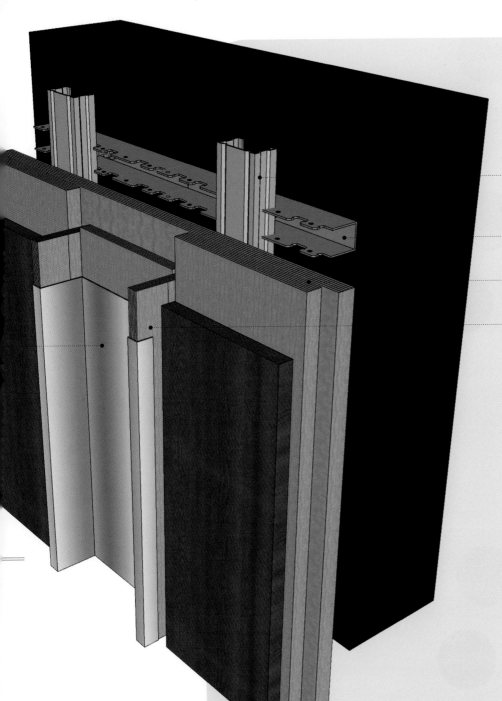

步骤 5：
安装木饰面

.... 竖档卡式龙骨

.... 阻燃板

.... 横档卡式龙骨

.... 阻燃板

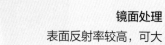 **金属板墙面设计与施工的关键点**

材质分类

镜面处理
表面反射率较高，可大
面积使用

喷砂处理
梨皮斑点式纹路，
可大面积使用

拉丝处理
纹路像头发丝一样连续
不断，可大面积使用

乱纹处理
无方向性的纹路，可大面
积使用

压花处理
通过特殊工艺压花，极具艺
术性

消光处理
表面细微凹凸，可大面积使用，
增强墙面层次

彩色不锈钢
颜色多样，适用各种室内风格

不锈钢板
使用范围较广，适
用于展示空间、商
业空间及家居空间
的墙面室内设计

不锈钢板选购技巧。
①注重产品型号。
②根据用途选择合适的类
型，可从光泽、硬度等方
面入手。
③选择厚度适中的不锈钢
板，过薄则容易弯曲，过
厚则重量过大。

金属板

钢板
应用于各种商业空
间、酒店空间及家
装空间的墙面

钢板选购技巧。
①不选择纵向有折叠的钢
板，易出现开裂。
②纵向无裂纹为优等品。
③钢板表面无结疤，若有
则为劣等品。
④质量好的钢板表面无折
叠麻面。

冲孔金属板
各类形状穿孔，风格独特，
可做室内隔墙墙面

黑皮表面
沉稳庄严、大气简约，因颜
色较深，适合局部使用

蛇腹纹
双面条纹状压花，适用
于充分展现个性的场所

哈密瓜纹
双面哈密瓜纹压花花
纹，极具艺术效果

雕刻花纹
雕刻花纹工艺，体现沉稳
端庄、奢华大气的氛围

非燃性板材
适用于必须使用不燃板材
的场所

复合金属板

铝塑复合板
适用于外墙、招牌
和内墙装饰面板等

烤漆制成
颜色种类多样，适合各种室
内氛围

镜面处理
面涂黑色氟烃树脂，属于
不易燃板材

铝塑复合板选购技巧。
①铝塑复合板需要自身强度来抵抗外
力，弯曲强度越高，质量越好。
②剥离强度是指铝板和塑料之间的黏
结力，若剥离强度达不到指标则会产
生分离现象。
③涂层耐老化性越好则品质越好。
④涂层附着力会严重影响铝塑复合板
的寿命。
⑤外观不应出现色差过大、涂层脱落
的问题。

镜面精加工
进行镜面精加工处理，反射性
较好，能映出人像

施工工艺

　　家居室内常用金属板为不锈钢板，以及部分铝锌钢板。其中不锈钢板大多用于厨房柜面或墙壁等，粘贴在墙壁上时则要使用专用的胶黏剂黏着；铝锌钢板防水，颜色丰富，可以粘贴在厨房用水区域墙面。家装墙壁饰面的金属板施工工艺分为三种类型，即胶黏法、干挂式、卡扣式。

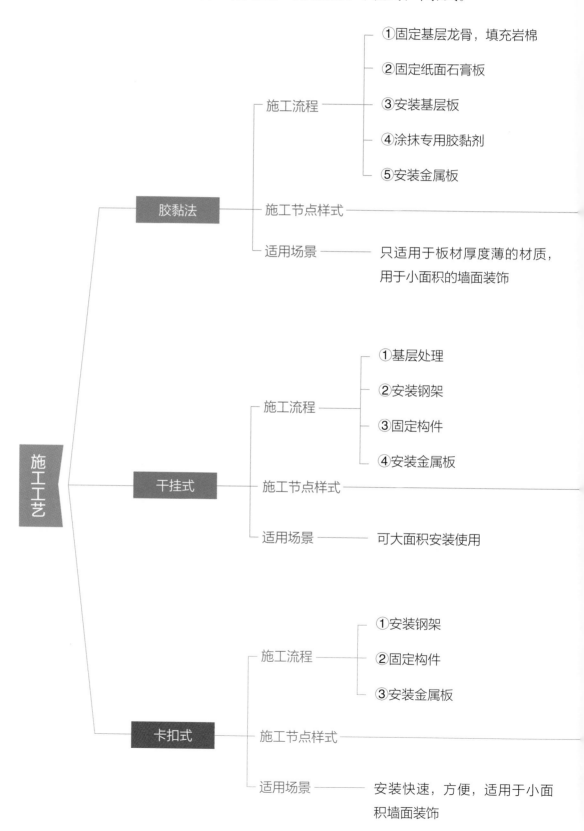

施工工艺

胶黏法
　施工流程
　　①固定基层龙骨，填充岩棉
　　②固定纸面石膏板
　　③安装基层板
　　④涂抹专用胶黏剂
　　⑤安装金属板
　施工节点样式
　适用场景 —— 只适用于板材厚度薄的材质，用于小面积的墙面装饰

干挂式
　施工流程
　　①基层处理
　　②安装钢架
　　③固定构件
　　④安装金属板
　施工节点样式
　适用场景 —— 可大面积安装使用

卡扣式
　施工流程
　　①安装钢架
　　②固定构件
　　③安装金属板
　施工节点样式
　适用场景 —— 安装快速，方便，适用于小面积墙面装饰

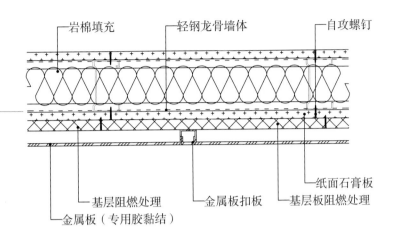

岩棉填充　轻钢龙骨墙体　自攻螺钉

纸面石膏板

基层阻燃处理　金属板扣板　基层板阻燃处理

金属板（专用胶黏结）

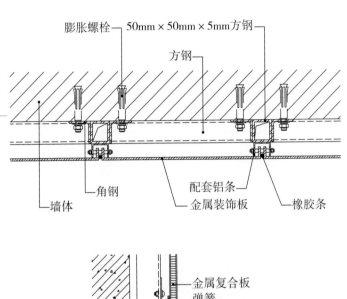

膨胀螺栓　50mm×50mm×5mm方钢

方钢

角钢　配套铝条　橡胶条

墙体　金属装饰板

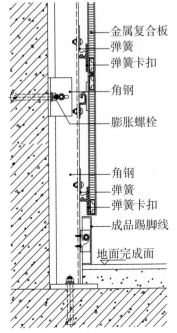

金属复合板
弹簧
弹簧卡扣

角钢

膨胀螺栓

角钢
弹簧
弹簧卡扣

成品踢脚线

地面完成面

搭配技巧

与暖材质搭配中和冷硬感

　　金属板表面光滑，反光性也较强，视觉上给人冰冷的感觉，和暖材质搭配（比如木材等）则能中和这种感觉，让空间整体显得既不会太冷漠，也不会太热情。

不锈钢与软木搭配，平衡着空间的视觉冷暖感，这样可使空间看上去不会过于冰冷，也不会失去机械感。

不锈钢可以反射空间内的光线，使空间更加明亮。

善用灯光与金属反射

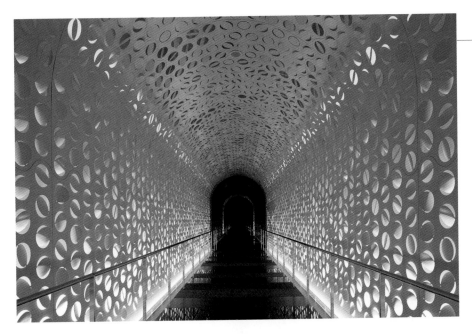

金属的表面光滑，并且有很好的反射效果，所以可以运用灯光，通过照射金属，改变室内的氛围。另外，也可以通过改变灯光颜色，从而改变金属原本的颜色。

隧道的金属内壁上借助激光切割出 3000 多个圆洞，从外部射入的灯光会随着四季更替而改变色彩，并在白天和夜晚展现出不同的光照强度。

加工金属增添独特感

墙面金属板的造型不一定是整块铺装，可以设计成符合空间风格的造型，通过切割、弯曲、钝化等手法，让金属面板变得不再呆板，使其能够成为空间的重点。

金属板饰面被加工成瓦楞的形式修饰着出餐口，搭配黄色霓虹灯，整个墙面在空间中非常显眼。

不同色系营造不同空间氛围

 镀锌金属板

 灰色乳胶漆

营造独特又抢眼的视觉焦点

金属板采用镀锌钝化的工艺，从而呈现出彩虹般的视觉效果。这种浸渍工艺能够在金属表面形成一层氧化物般的光泽，从而丰富墙面造型。

营造工业感

不锈钢板冷冽的气质，可以营造出工业风的室内空间，而且不锈钢板在自然状态下色泽偏白，会减轻一些黑色家具带来的沉重感。

 不锈钢板

 真石漆

不锈钢板

白色踢脚线

呈现未来科技与现代氛围

全金属包裹的小会议室，充满了前卫的科技感，白色踢脚线过渡了墙面与地面。

彰显奢华又随性的氛围

黄色的金属自带奢华感，搭配粗犷的水泥灰，减少过于奢华的负担感，增添了随性的氛围。

黄色系金属

水泥灰

玻璃

　　玻璃类饰面，即采用钢化玻璃、磨砂玻璃、印花玻璃等材料搭配其他材料固定而成，具有厚度薄、透光性佳等优点。在室内空间中，玻璃类饰面适合安装在餐厅、厨房、浴室等区域，用作墙面装饰或隔断，既可以实现对空间的分隔效果，又不会阻碍空间的通透性。除此之外，玻璃还是一种充满艺术性的装饰材料，随着科技的进步，越来越多的品种不断涌入市场；玻璃加工也更精细化，更轻更薄，边框更细甚至不用边框；图案种类多种多样，适合不同场景的风格搭配。

第六章

节点 39. 混凝土基层玻璃粘贴墙面

通过不同角度的多棱镜反射
而释放出来的光影图像不断地切
换和变化，让原本的黑色空间看
上去不至于沉闷。

40mm × 40mm × 3mm 方钢

安装竖向、横向龙骨时，
需认真核对中心线、垂
直度以及玻璃的尺寸，
避免玻璃因为未核对而
安装不上。

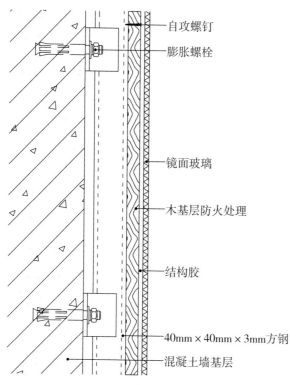

自攻螺钉

膨胀螺栓

镜面玻璃

木基层防火处理

结构胶

转换成节点图

40mm × 40mm × 3mm 方钢

混凝土墙基层

混凝土基层玻璃粘贴墙面节点图

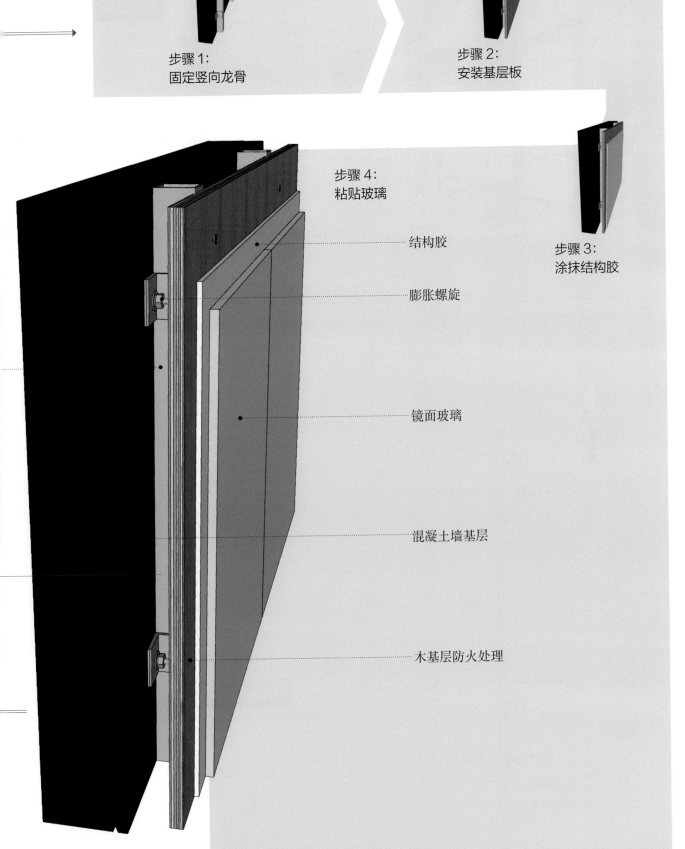

步骤 1：
固定竖向龙骨

步骤 2：
安装基层板

步骤 4：
粘贴玻璃

步骤 3：
涂抹结构胶

结构胶

膨胀螺旋

镜面玻璃

混凝土墙基层

木基层防火处理

节点 40. 混凝土基层点挂式玻璃墙面

施工步骤

点挂式玻璃墙面可以在相同的地基条件下，在视觉上提高建筑物的高度，且玻璃的价格较低，用在公共场所内也在一定程度上解决了建筑工程成本的控制问题。

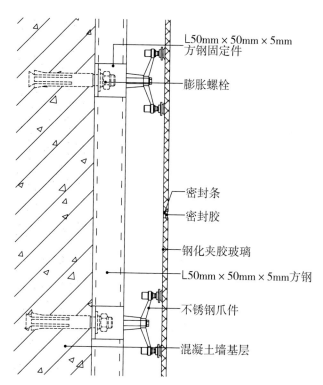

L50mm×50mm×5mm
方钢固定件

膨胀螺栓

密封条

密封胶

钢化夹胶玻璃

L50mm×50mm×5mm方钢

不锈钢爪件

混凝土墙基层

混凝土基层点挂式玻璃墙面节点图

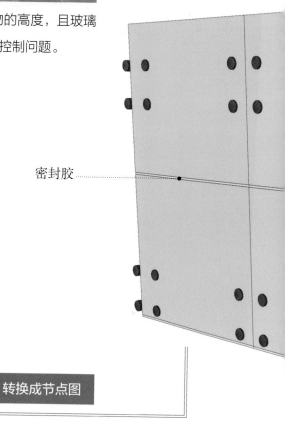

密封胶

转换成节点图

步骤1:
安装方钢

步骤2:
安装挂件

步骤3:
安装玻璃

混凝土墙基层

膨胀螺栓

不锈钢爪件

L50mm × 50mm × 5mm 方钢

钢化夹胶玻璃

有些质量差的玻璃一旦
受热就容易爆裂,所以
在选择墙面玻璃时需注
意其质量问题。

L50mm × 50mm × 5mm 方钢固定件

节点 41. 玻璃砖墙

　　传统的无机水磨石，通常用于走廊或工厂之类的空间中，但是在设计师的设计下，即使是颜色不够亮丽的无机水磨石，也能够通过营造氛围给人以高雅的感受。

施工步骤

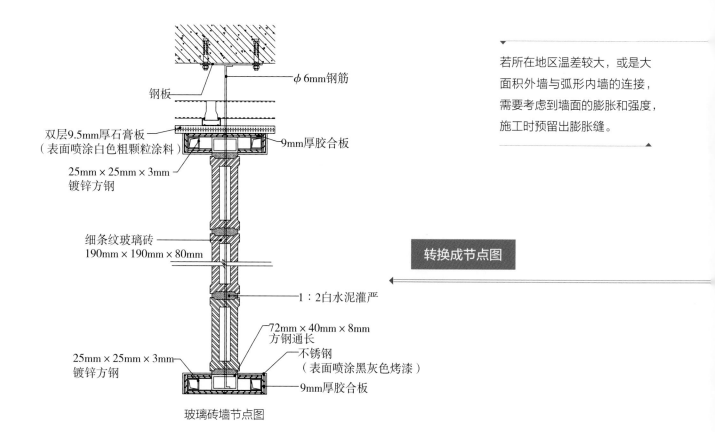

φ6mm钢筋

钢板

双层9.5mm厚石膏板
（表面喷涂白色粗颗粒涂料）

9mm厚胶合板

25mm×25mm×3mm
镀锌方钢

细条纹玻璃砖
190mm×190mm×80mm

1：2白水泥灌严

72mm×40mm×8mm
方钢通长

不锈钢
（表面喷涂黑灰色烤漆）

25mm×25mm×3mm
镀锌方钢

9mm厚胶合板

玻璃砖墙节点图

若所在地区温差较大，或是大面积外墙与弧形内墙的连接，需要考虑到墙面的膨胀和强度，施工时预留出膨胀缝。

转换成节点图

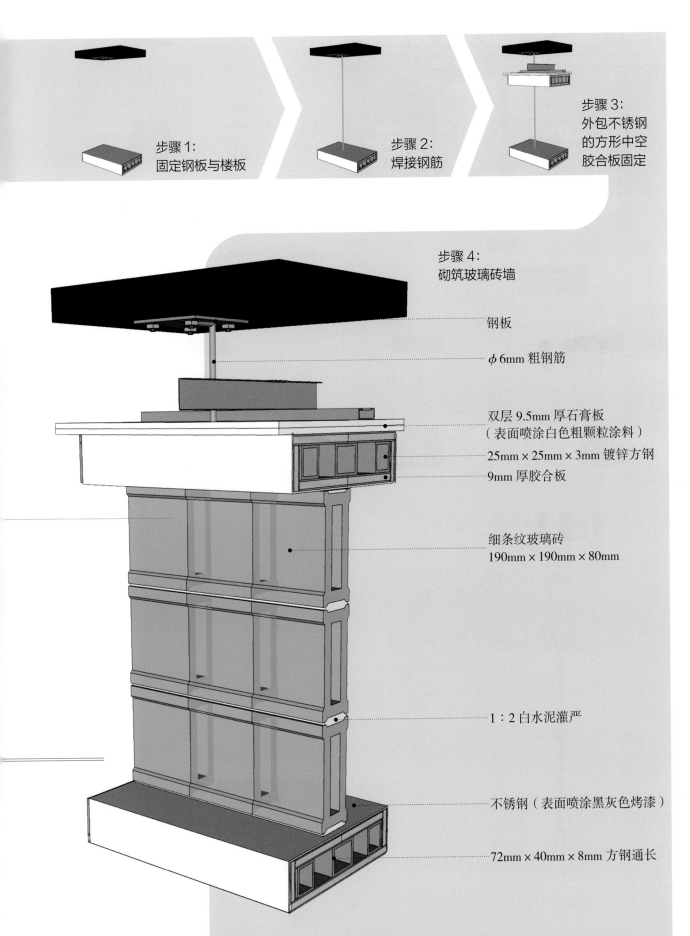

步骤 1:
固定钢板与楼板

步骤 2:
焊接钢筋

步骤 3:
外包不锈钢
的方形中空
胶合板固定

步骤 4:
砌筑玻璃砖墙

钢板

ϕ 6mm 粗钢筋

双层 9.5mm 厚石膏板
（表面喷涂白色粗颗粒涂料）

25mm × 25mm × 3mm 镀锌方钢

9mm 厚胶合板

细条纹玻璃砖
190mm × 190mm × 80mm

1：2 白水泥灌严

不锈钢（表面喷涂黑灰色烤漆）

72mm × 40mm × 8mm 方钢通长

节点 42. 玻璃隔墙

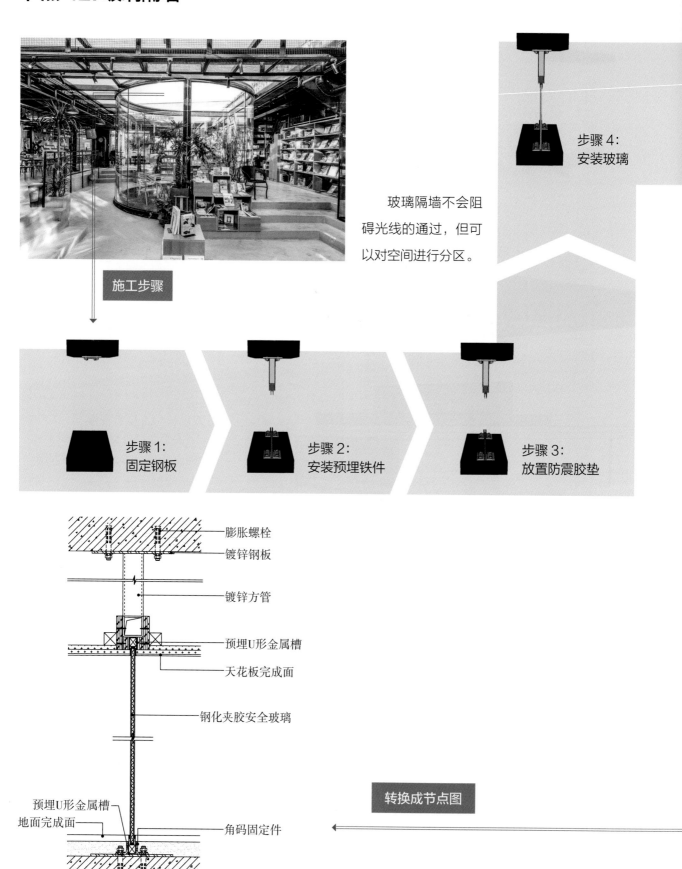

施工步骤

玻璃隔墙不会阻碍光线的通过，但可以对空间进行分区。

步骤 4：
安装玻璃

步骤 1：
固定钢板

步骤 2：
安装预埋铁件

步骤 3：
放置防震胶垫

膨胀螺栓

镀锌钢板

镀锌方管

预埋U形金属槽

天花板完成面

钢化夹胶安全玻璃

转换成节点图

预埋U形金属槽

地面完成面

角码固定件

玻璃隔墙节点图

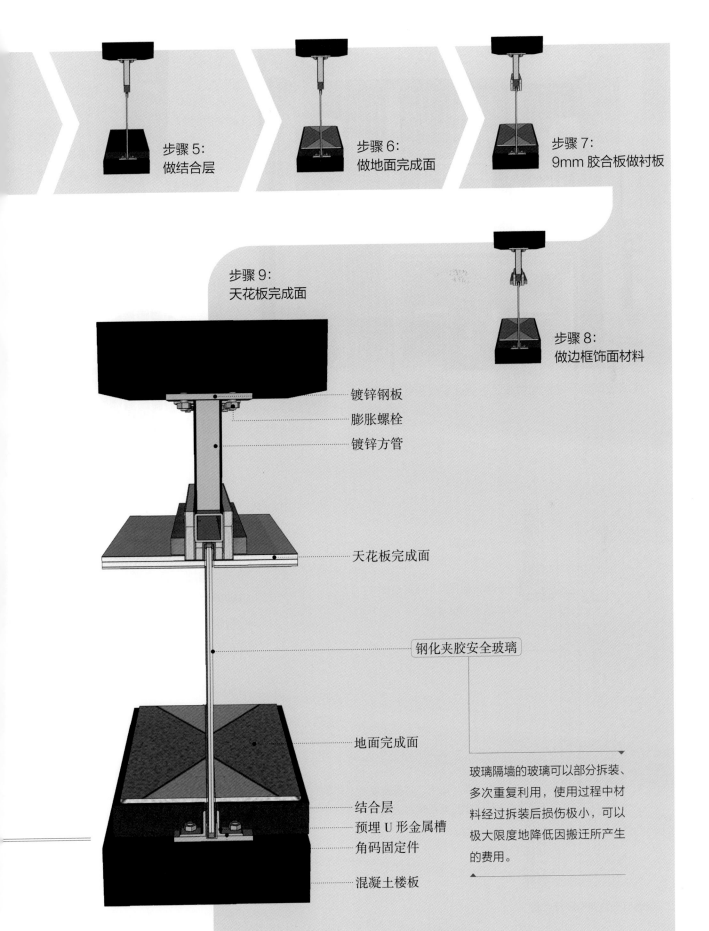

步骤5:
做结合层

步骤6:
做地面完成面

步骤7:
9mm 胶合板做衬板

步骤9:
天花板完成面

步骤8:
做边框饰面材料

镀锌钢板
膨胀螺栓
镀锌方管

天花板完成面

钢化夹胶安全玻璃

地面完成面

结合层
预埋 U 形金属槽
角码固定件
混凝土楼板

玻璃隔墙的玻璃可以部分拆装、多次重复利用，使用过程中材料经过拆装后损伤极小，可以极大限度地降低因搬迁所产生的费用。

节点 43. 玻璃与不锈钢相接

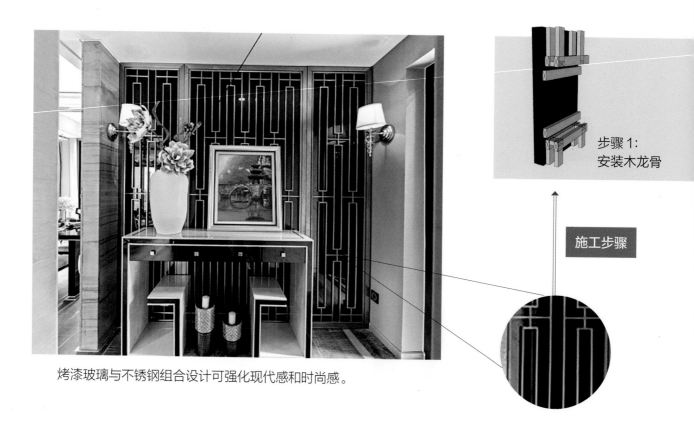

步骤 1：
安装木龙骨

施工步骤

烤漆玻璃与不锈钢组合设计可强化现代感和时尚感。

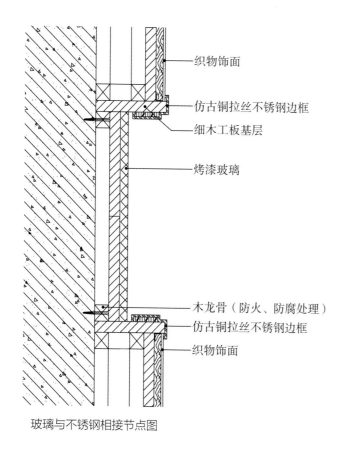

织物饰面

仿古铜拉丝不锈钢边框

细木工板基层

烤漆玻璃

木龙骨（防火、防腐处理）

仿古铜拉丝不锈钢边框

织物饰面

玻璃与不锈钢相接节点图

若在木龙骨本身保证水平的情况下，与墙面存在缝隙，可以用硬质材料进行垫实，也可以把剩余的木龙骨切成小块进行填充垫实。

转换成节点图

步骤 2:
固定细木工板
做基层

步骤 3:
安装烤漆玻璃

步骤 4:
安装织物饰面

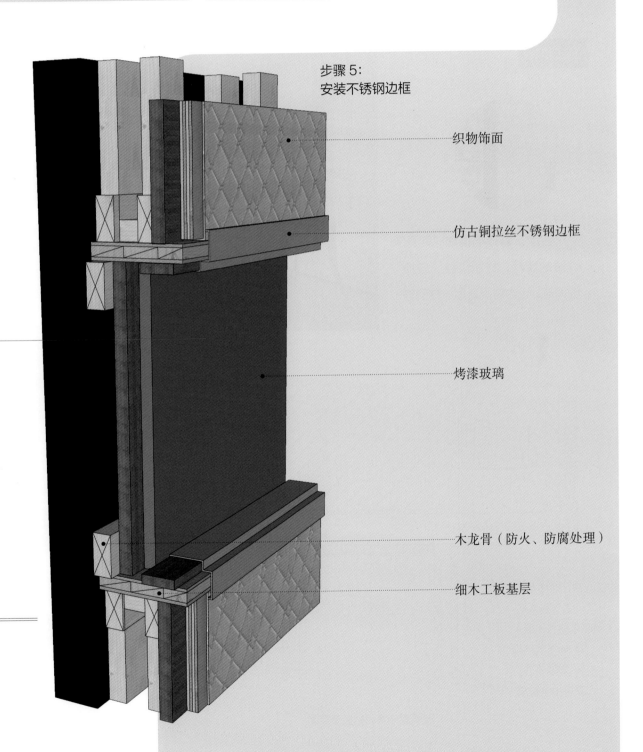

步骤 5:
安装不锈钢边框

织物饰面

仿古铜拉丝不锈钢边框

烤漆玻璃

木龙骨（防火、防腐处理）

细木工板基层

节点 44. 玻璃窗与墙面相接

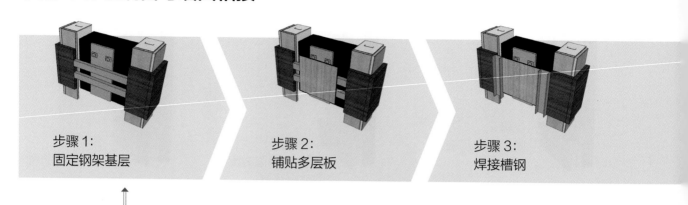

步骤 1：
固定钢架基层

步骤 2：
铺贴多层板

步骤 3：
焊接槽钢

施工步骤

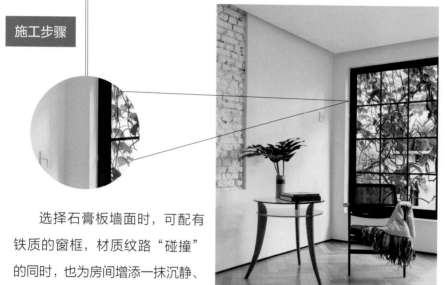

选择石膏板墙面时，可配有铁质的窗框，材质纹路"碰撞"的同时，也为房间增添一抹沉静、稳重。

镀锌钢板

多层板基层
（刷防火涂料三遍）

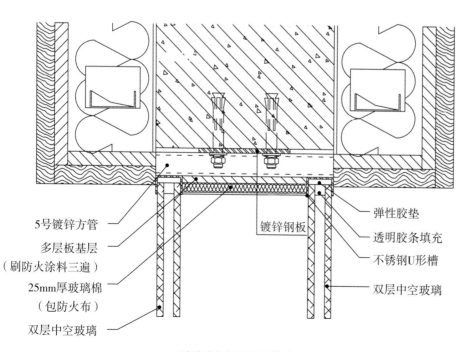

5号镀锌方管

多层板基层
（刷防火涂料三遍）

25mm厚玻璃棉
（包防火布）

双层中空玻璃

镀锌钢板

弹性胶垫

透明胶条填充

不锈钢U形槽

双层中空玻璃

转换成节点图

玻璃窗与墙面相接节点图

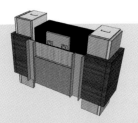

步骤 4:
填充 25mm 厚玻璃棉

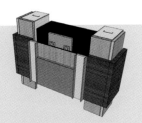

步骤 5:
放置弹性胶垫

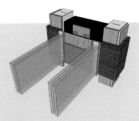

步骤 6:
安装玻璃

步骤 7:
填充透明胶条

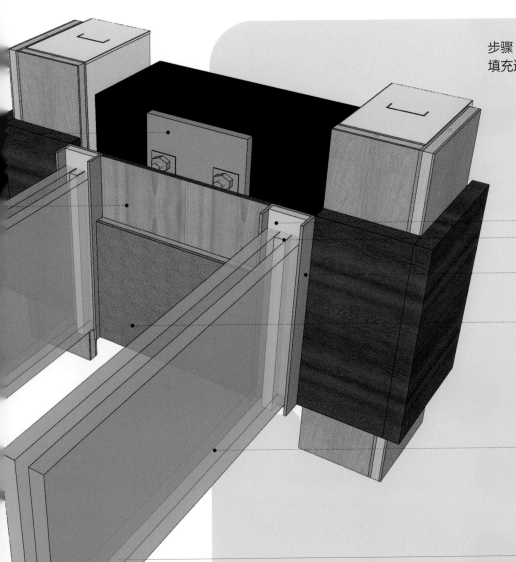

弹性胶垫
透明胶条填充

不锈钢 U 形槽

25mm 厚玻璃棉
（包防火布）

双层中空玻璃

窗框与窗户连接完成后，应用水平尺或吊锤检查窗户是否安装正确，以免出现使用一段时间后，窗户越来越歪的情况。

专题 **玻璃墙面设计与施工的关键点**

材质分类

超白镜
反射效果最强，适合大面积使用，渲染华丽感

黑镜
极具个性、神秘、冷冽感，适合局部使用

灰镜
适合搭配金属使用，可大面积使用，适合现代简约风格

茶镜
营造温暖感，适配木纹板面使用，适合多种风格

色镜
颜色较多，反射效果较弱，适合局部使用

镜面玻璃选购技巧。
①优等品表面平整光滑、有光泽。
②选择透光率大于84%、厚度为 4~6mm 的产品。
③优等品背面漆膜光滑。

镜面玻璃
室内空间的玄关、背景墙

装饰玻璃

实色系列
色彩非常丰富，颜色可任意搭配

金属系列
金属质感，可大面积使用

半透明系列
可实现半透明、模糊效果

珠光系列
具有高贵而柔和的气质

聚晶系列
具有浓郁的华丽感

烤漆玻璃
室内空间的客厅、餐厅

烤漆玻璃选购技巧。
①透明或白色烤漆玻璃带有些许绿光。
②优等品颜色鲜艳、亮度佳、无明显色斑。
③背面漆膜光滑则为上品。
④厨卫壁面的首选厚度为 5mm，轻间隔建议选购 8~10mm 的产品。

印刷玻璃

图案半透明，可大面积
应用于背景墙

夹层玻璃

透明度由夹层决定，适合局部使用

艺术玻璃选购技巧。
①选购加厚的艺术玻璃，
如 10mm、12mm 等。
②最好去厂家挑选图案。

雕刻玻璃

强调立体感和空间层次，适合局部使用

压花玻璃

透明性因距离、花纹不同而异

艺术玻璃

适用于客厅、餐厅、
卧室、书房等

彩绘玻璃

图案丰富，颜色多样，适合各种风格

镶嵌玻璃

可用金属条合理搭配，营造不同氛围

琉璃玻璃

图案丰富、纹路变化多样，价格较高

冰裂玻璃

纹理独特，立体感强

全砂面玻璃

保护隐私，常用于浴室隔墙或门玻璃

条纹砂面玻璃

表面平整光滑、有光泽，可做
室内任何位置的隔断

砂面玻璃

室内空间的卫
生间隔断

计算机图案砂面玻璃

计算机技术制作，图案可定制，
效果美观，用于室内隔墙

砂面玻璃选购技巧。
①优等品背面漆膜光滑。
②玻璃表面凹凸不平。
③主体无裂痕、破损为上品。

光面玻璃砖
由完全透明的光面玻璃制作，适
用于隐私性不强的区域

雾面玻璃砖
透光不透视，可保证隐私性

压花玻璃砖
装饰性较强，较适合用在隐
私性不强的区域

按表面效果分

玻璃砖
适用于室内空间
各种隔断墙

原色玻璃砖
透光性最强，有光面、磨砂、
压花等类型

按色彩分

彩色玻璃砖
透光性比原色玻璃弱，有光面、
磨砂、压花等类型

施工工艺

市面上的玻璃大致可分为以下几种类型：平板玻璃、安全玻璃、装饰玻璃、特种玻璃以及玻璃砖。不同玻璃根据其特性不同，应用的区域不同，从背景墙与隔断两个位置入手，了解玻璃的施工工艺。

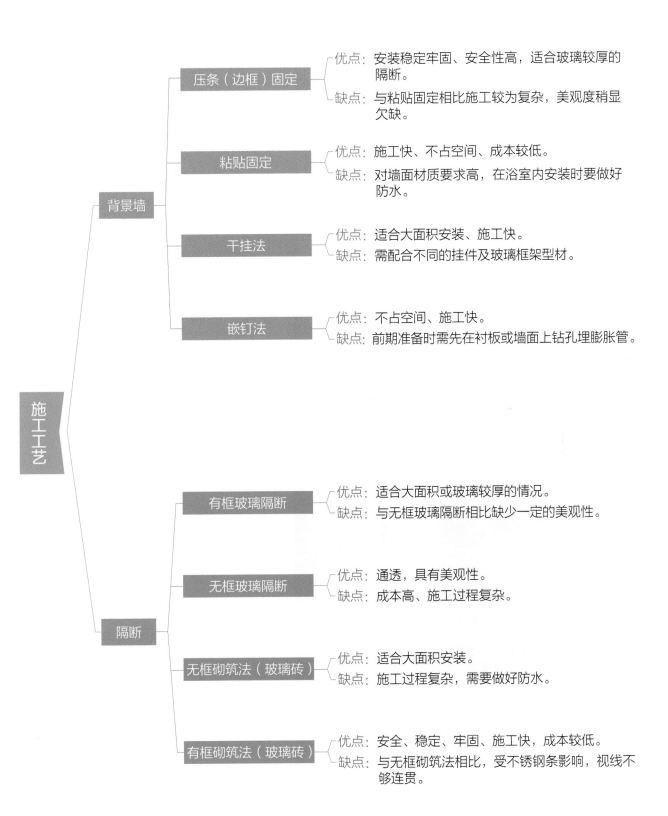

施工工艺

背景墙

压条（边框）固定
- 优点：安装稳定牢固、安全性高，适合玻璃较厚的隔断。
- 缺点：与粘贴固定相比施工较为复杂，美观度稍显欠缺。

粘贴固定
- 优点：施工快、不占空间、成本较低。
- 缺点：对墙面材质要求高，在浴室内安装时要做好防水。

干挂法
- 优点：适合大面积安装、施工快。
- 缺点：需配合不同的挂件及玻璃框架型材。

嵌钉法
- 优点：不占空间、施工快。
- 缺点：前期准备时需先在衬板或墙面上钻孔埋膨胀管。

隔断

有框玻璃隔断
- 优点：适合大面积或玻璃较厚的情况。
- 缺点：与无框玻璃隔断相比缺少一定的美观性。

无框玻璃隔断
- 优点：通透，具有美观性。
- 缺点：成本高、施工过程复杂。

无框砌筑法（玻璃砖）
- 优点：适合大面积安装。
- 缺点：施工过程复杂，需要做好防水。

有框砌筑法（玻璃砖）
- 优点：安全、稳定、牢固、施工快，成本较低。
- 缺点：与无框砌筑法相比，受不锈钢条影响，视线不够连贯。

◤ 搭配技巧

使用艺术玻璃烘托风格

　　有图案、纹理的玻璃不仅可以用在门窗及隔断上，也可以用于装饰背景墙，例如印刷玻璃、雕刻玻璃、彩绘玻璃等，可以根据室内的具体风格选择图案与花纹。

用中国传统图案的艺术玻璃设计隔断，使中式风格的古雅感更强。

使用彩色玻璃制造差异性

　　大面积的玻璃虽然会增加空间的通透性，但是重复性的透明玻璃总会让人产生疲惫感，彩色的玻璃能够制造差异性，丰富空间的色彩。

会议室外侧用橙色的钢化玻璃进行围合，减弱会议室和公共空间的连接感，更好地区分两个空间。

半透明的压花玻璃，浅淡的粉色与白色空间非常契合，分隔空间的同时还能装饰空间。

善用灯光让玻璃具有独特性

玻璃拥有良好的透光性，因此与灯光组合搭配可以有不错的氛围。灯具不仅可以设置在玻璃外，也可以设置在玻璃内，达到独特的效果。

两层玻璃中夹着圆柱形的透光装置，整体形成了独具特点的玻璃隔断装置，照明效果很弱，主要起到装饰照明的作用，微弱的暖光烘托着温馨的气氛。

透光玻璃隔断在地面和隔断接触的位置设置灯带，这样既能照亮地面，又具有独特性。

镜面玻璃是扩大空间的重要元素

　　镜面玻璃可以反射光线,模糊空间的虚实界限,因此可扩大空间感。在室内空间的公共区中，可以大面积地使用镜面玻璃做装饰。特别是一些光线不足、房间低矮或者梁柱较多（无法砸除）的户型，使用一些镜面玻璃，可以加强视觉的纵深感，制造宽敞的效果。

连续的镜面部分弯曲、部分平整，不仅可以映射出不同的人像和环境，带来千差万别的感受，视觉上还能扩大空间。

在沙发背景墙的两侧使用超白镜，使空间显得明亮、宽敞且时尚。

不同色系营造不同空间氛围

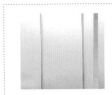 磨砂玻璃　　　　 白色乳胶漆

营造简洁又通透的氛围

半透明的隔断玻璃既保证了良好的采光，又创造了稳定的私密空间。

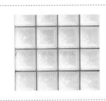 玻璃砖　　　　 抛光混凝土砖

增添现代感

餐厅局部使用玻璃砖和抛光混凝土砖组合，让原本沉闷厚重的感觉变得通透起来，整个空间氛围也变得现代起来。

砖材

砖材作为常用墙面装饰材料之一，用在不同的地方有不一样的作用。墙砖作为踢脚线处的装饰时，可以保护墙基不受鞋、桌腿、凳脚的污染，而用在浴室、水池时，墙砖则需兼顾防潮、耐磨、美观等一系列的作用。就目前而言，随着技术的不断突破，砖材的致密度、耐磨性、抗污性等都取得了一定的进步。

第七章

节点 45. 混凝土基层陶瓷墙砖干挂墙面

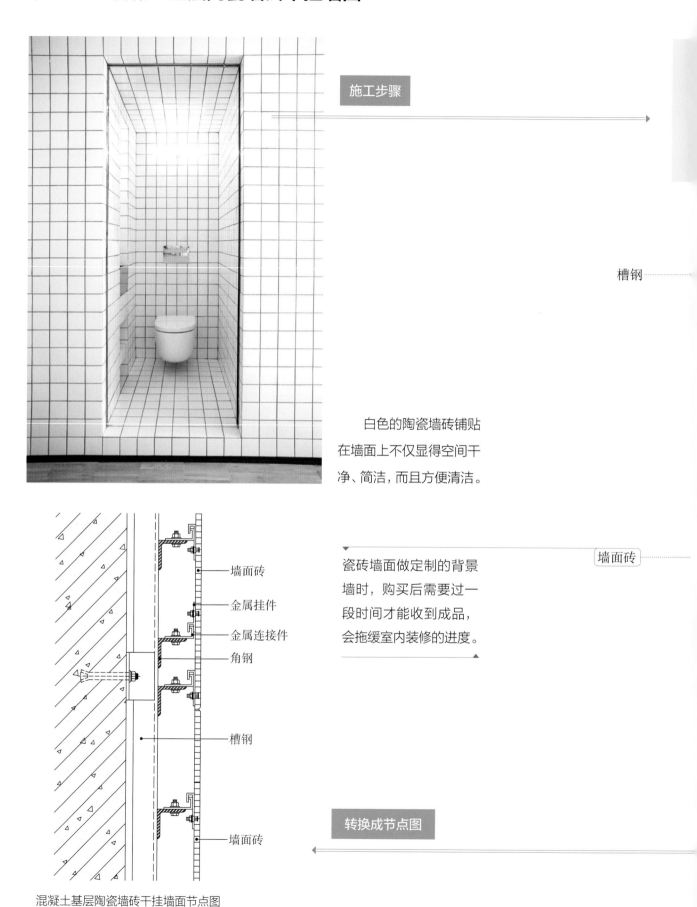

施工步骤

槽钢

白色的陶瓷墙砖铺贴在墙面上不仅显得空间干净、简洁，而且方便清洁。

墙面砖

金属挂件

金属连接件

角钢

槽钢

墙面砖

瓷砖墙面做定制的背景墙时，购买后需要过一段时间才能收到成品，会拖缓室内装修的进度。

墙面砖

转换成节点图

混凝土基层陶瓷墙砖干挂墙面节点图

步骤1：
固定竖向龙骨

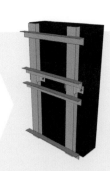

步骤2：
焊接角钢

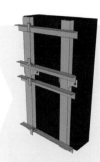

步骤3：
安装不锈钢挂件

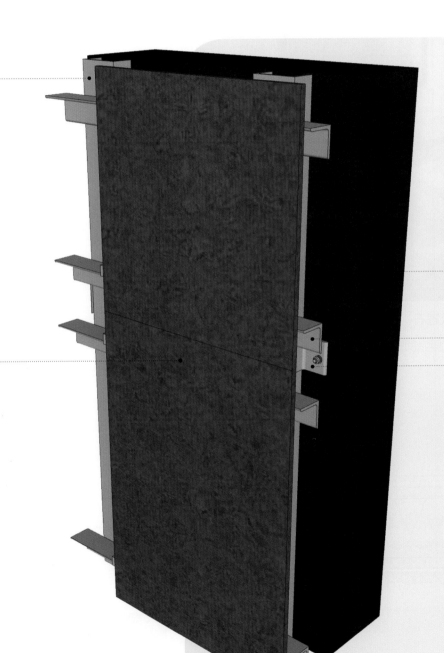

步骤4：
安装瓷砖

建筑墙体

角钢

金属连接件

节点 46. 硅酸钙板基层陶瓷墙砖粘贴墙面

施工步骤

用仿大理石纹理的玻化砖代替大理石，与木纹饰面板组合设计为电视墙，可具有与大理石类似的装饰效果，同时可节约资金。

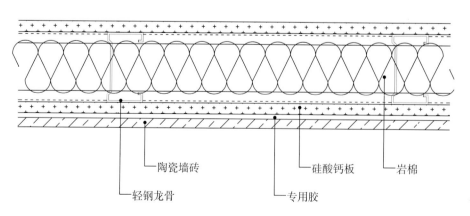

转换成节点图

陶瓷墙砖　　　硅酸钙板　　　岩棉

轻钢龙骨　　　专用胶

硅酸钙板基层陶瓷墙砖粘贴墙面节点图

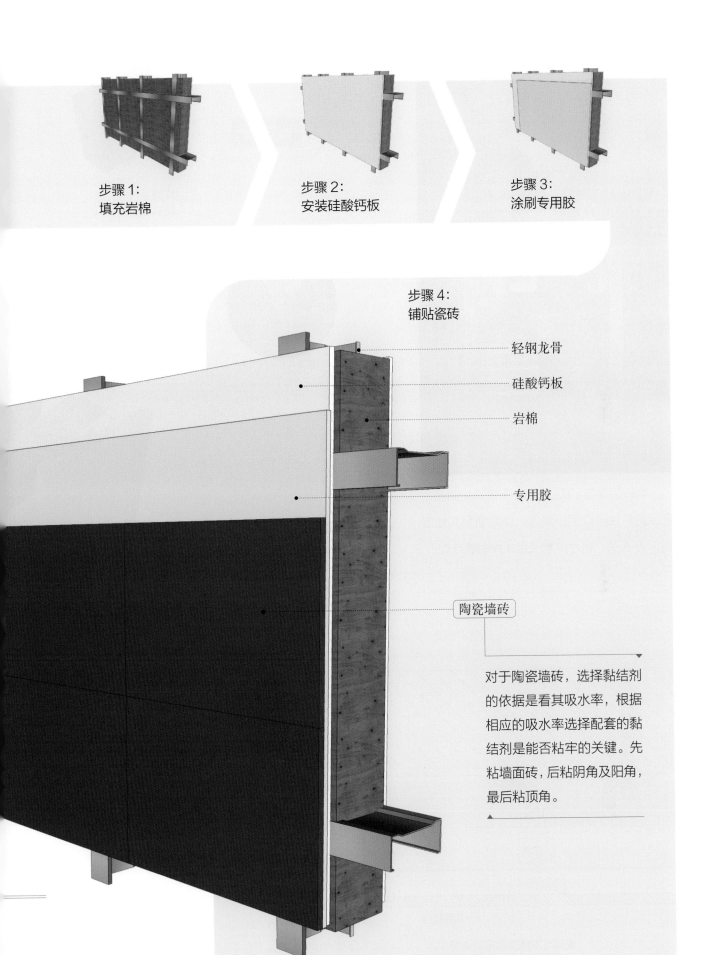

步骤 1:
填充岩棉

步骤 2:
安装硅酸钙板

步骤 3:
涂刷专用胶

步骤 4:
铺贴瓷砖

轻钢龙骨

硅酸钙板

岩棉

专用胶

陶瓷墙砖

对于陶瓷墙砖，选择黏结剂的依据是看其吸水率，根据相应的吸水率选择配套的黏结剂是能否粘牢的关键。先粘墙面砖，后粘阴角及阳角，最后粘顶角。

节点 47. 墙砖与不锈钢相接

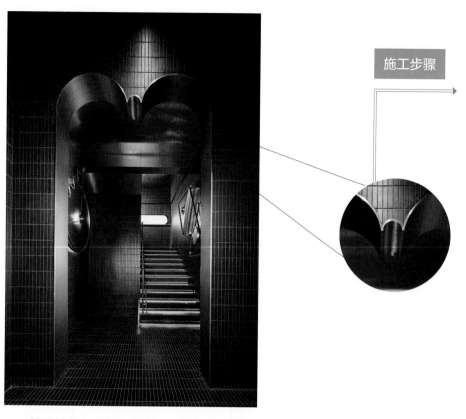

墙砖边缘与不锈钢相接，不锈钢耐高温、低温的特性可以保护墙砖，使墙面耐久性增强，在玄关、客厅中常使用此种相接方式。

施工步骤

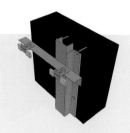

步骤 1：
墙砖结构框架固定

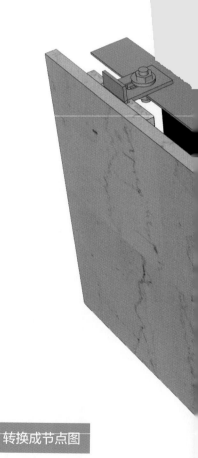

转换成节点图

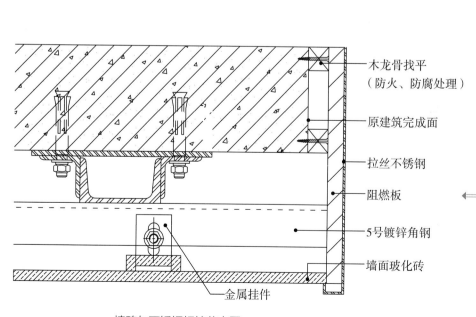

木龙骨找平
（防火、防腐处理）

原建筑完成面

拉丝不锈钢

阻燃板

5号镀锌角钢

墙面玻化砖

金属挂件

墙砖与不锈钢相接节点图

步骤 2：
胶粘竖向龙骨

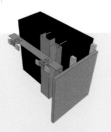

步骤 3：
固定阻燃板

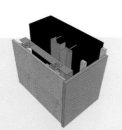

步骤 4：
干挂墙砖

步骤 5：
安装拉丝不锈钢

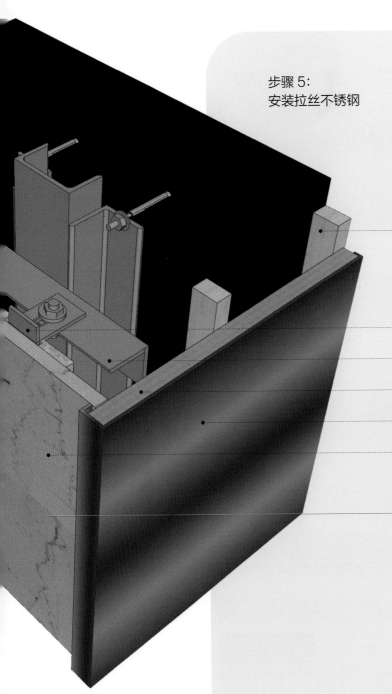

木龙骨找平
（防火、防腐处理）

金属挂件

5 号镀锌角钢

阻燃板

拉丝不锈钢

墙面玻化砖

在施工前需对墙砖进行验收，检查材料的型号规格是否正确。墙砖颜色明显不一致的，退还商家；有裂纹、缺棱掉角的墙砖，需修理后才能投入使用，情况过于严重的，则需弃用。

节点 48. 墙砖与壁纸相接

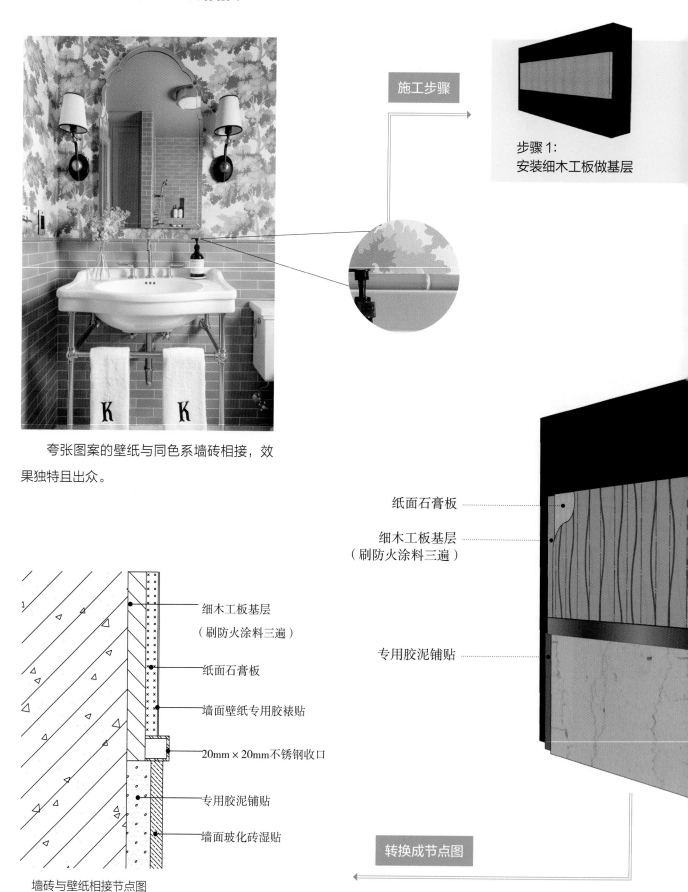

夸张图案的壁纸与同色系墙砖相接，效果独特且出众。

步骤1：
安装细木工板做基层

纸面石膏板

细木工板基层
（刷防火涂料三遍）

专用胶泥铺贴

细木工板基层
（刷防火涂料三遍）

纸面石膏板

墙面壁纸专用胶裱贴

20mm×20mm不锈钢收口

专用胶泥铺贴

墙面玻化砖湿贴

墙砖与壁纸相接节点图

转换成节点图

步骤2：
专用胶泥铺贴

步骤3：
铺贴墙砖

步骤4：
固定石膏板

步骤6：
安装收口条

步骤5：
粘贴壁纸

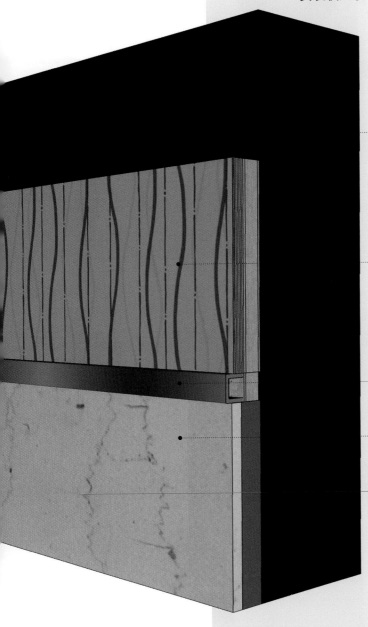

建筑墙体

墙面壁纸专用胶裱贴

20mm×20mm 不锈钢收口

墙面玻化砖湿贴

墙砖与壁纸相接时，交接处最好采用石膏线或木线来过渡收口，这样既可有效降低不同材质相接的跳跃度，又能有效解决收口问题。

节点 49. 墙砖与木饰面相接

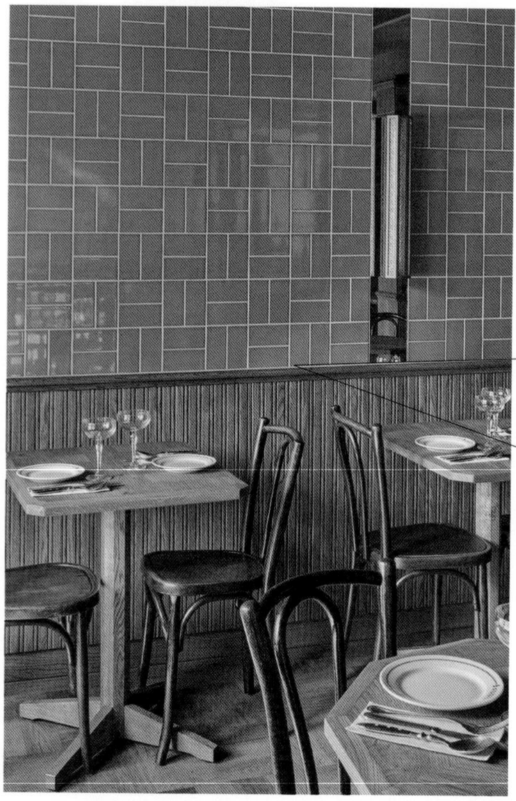

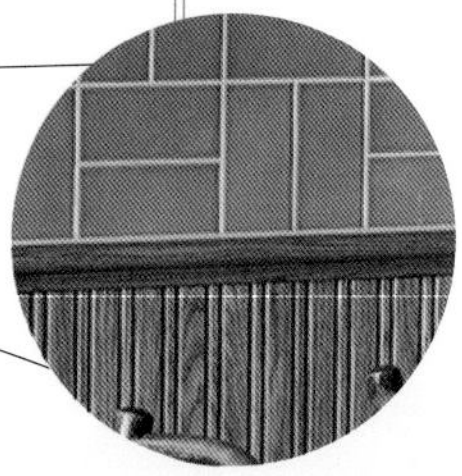

墙壁上覆盖着条状的木质镶板、镜面板和橙色瓷砖，营造出温暖而明亮的空间氛围。

施工步骤

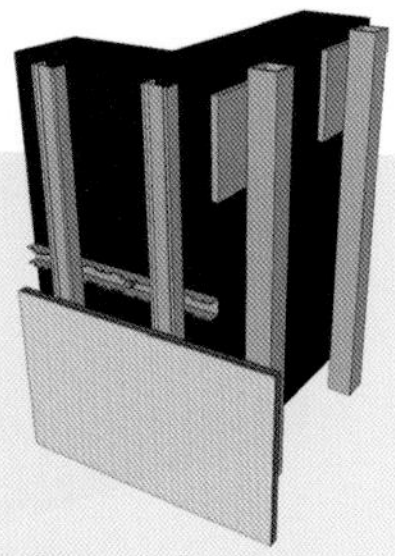

步骤 1:
木饰面基础固定

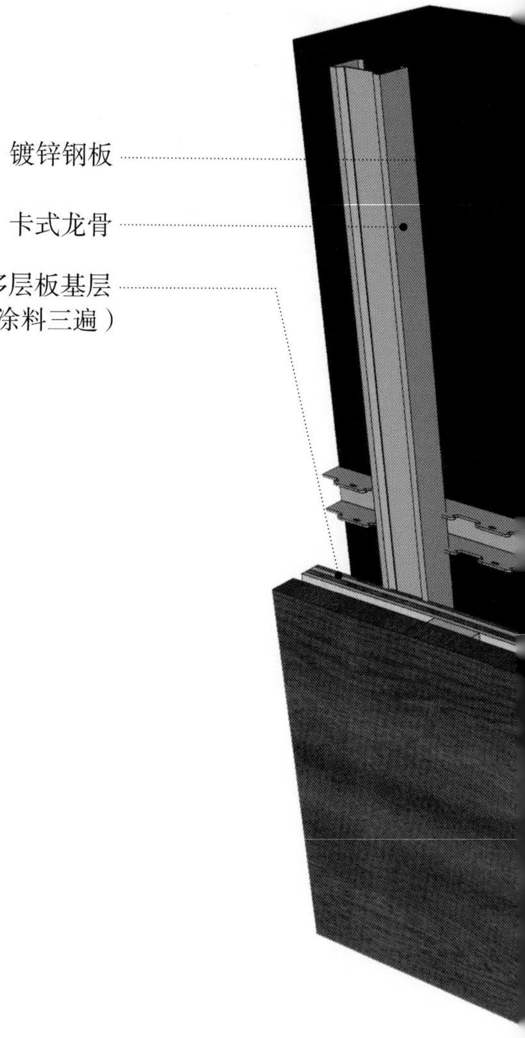
镀锌钢板
卡式龙骨
多层板基层
（刷防火涂料三遍）

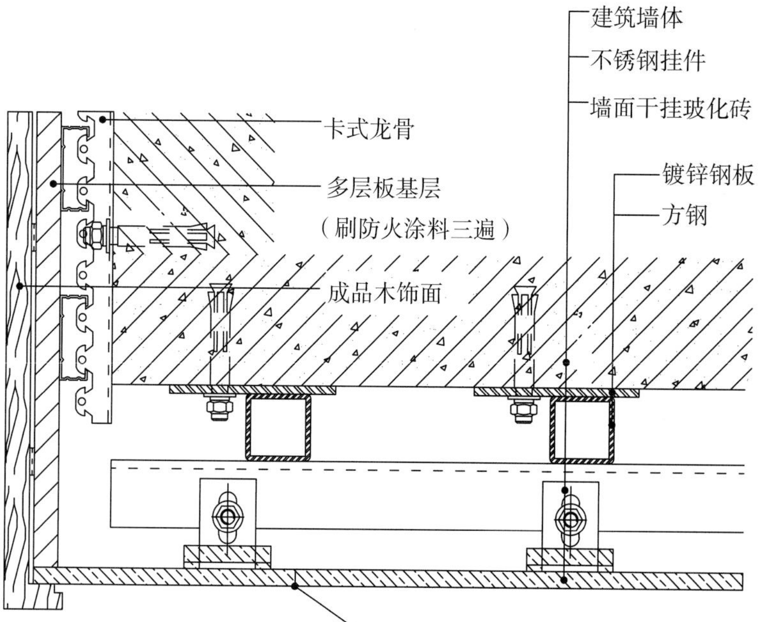
建筑墙体
不锈钢挂件
墙面干挂玻化砖
卡式龙骨
多层板基层
（刷防火涂料三遍）
镀锌钢板
方钢
成品木饰面
拼接缝密拼

墙砖与木饰面相接节点图

转换成节点图

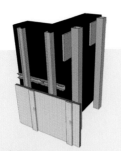

步骤2：
按间距垫木条

步骤3：
干挂结构框架固定

步骤4：
干挂墙砖

步骤6：
木线条收口

步骤5：
安装木饰面

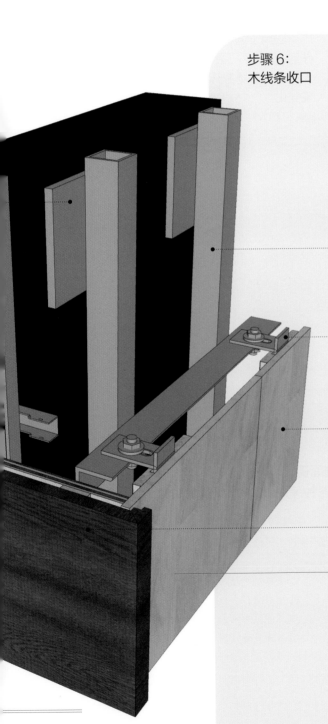

方钢

不锈钢挂件

墙面干挂玻化砖

成品木饰面

墙砖与木饰面的接口处可以采用留自然缝、打密封胶封闭、嵌入T形铝条等方式进行收口。同时，也可以通过装饰面的边、角和衔接部分进行工艺处理，弥补饰面不足的同时，还可以增加装饰效果。

专题 **墙砖设计与施工的关键点**

材质分类

水泥砖选购技巧。

①质量合格的水泥砖严格按照标准规格生产，尺寸无误。

②检查水泥砖的整块砖体颜色是否统一。

③样品剖面平整，颗粒细腻为上等品；优等品工整统一，棱角分明。

干粒面砖
表面有颗粒，可装饰墙柱面

平面砖
保留原始状态，不做抛光处理，适用于墙柱面

抛光面砖
进行抛光处理，有光泽感，可大面积使用

素色砖
朴素原生质感，适用于工业风格室内

花砖
花纹规则有秩序，适合局部装饰使用

水泥砖
广泛应用于园林、住宅、院校、厂区、人行道、广场等环境美化

炻质砖

瓷制釉面砖
瓷土烧制，吸水率低，强度较高，适合大面积用于墙面

高光釉面砖
釉面光洁整齐，适合营造干净、透亮的效果

釉面砖
适合各种风格家装

陶制釉面砖
背面颜色为红色，可大面积铺装

釉面砖选购技巧。

①检查出厂合格证，产品无破损。

②上等品釉面光滑、细腻，砖面平整无破损。

③敲击声音清脆，对比品牌、质量、价格。

渗花型
基础型，需做防污处理，小面积使用

微粉型
简洁而又兼具个性，可大面积使用

抛光砖
适用于除洗手
间、厨房以外的
多数室内空间中

多管布料
能够代替大理石，但选择余地小，生产厂家少

抛光砖选购技巧。
①表面无划痕、色斑、漏抛、漏磨、缺边、缺角。
②质量好的手感比较沉。
③优等品敲击声音浑厚，回音绵长。

纯色
家居装修中较少使用，多用于公共场所

斑点纹
纹理随机，优雅兼具个性，可做局部装饰

微晶石
广泛用于宾馆、
写字楼、车站、
机场等内外装
饰，更适宜家装

仿石材纹
艳丽浓烈，可做小面积装饰

仿玉石纹
自然、华丽，用于墙面可做局部装饰

微晶石选购技巧。
①表面无划痕、色斑、漏抛、
漏磨、缺边、缺角。
②质量好的手感比较沉。
③优等品的敲击声音浑厚，
回音绵长。

其他纹理
高雅明亮，用于墙面可做小面积装饰

仿大理石纹
可代替大理石使用，大面积装饰背景墙

仿玉石纹
可作为玉石、大理石的平替，装饰背景墙

仿洞石纹
文雅、有层次，可大面积使用

仿花岗石纹
表面装饰以点状为主，可局部使用

仿木纹
与实木板效果类似，表面光泽度高

纯色砖
无杂色纹理，适合小面积空间使用

玻化砖
适用于各种室内空间背景墙

玻化砖选购技巧。
①质量好的砖体表面光滑、无缺陷。
②正规厂家生产的产品，商标标记正规且清晰。
③同一规格的砖体，质量好、密度大的砖手感都比较沉；优等品的敲击声音浑厚，回音绵长。

瓷质砖

单色砖
营造简洁而有个性的效果，主要用于大面积铺装

花砖
多作为点缀用于局部装饰

仿木纹
有质感，多为棕色、青灰色、黄色

仿石材
层叠质感，有灰色、棕色、米白色、米黄色可以选择

仿金属
纹理随机、不规则，适用风格单一

仿古砖
适用于家装空间墙面及地面

仿古砖选购技巧。
①质量好的砖体表面反光性相对较好。
②优等品拿在手里有分量感与厚实感。
③表面无明显划痕为优；敲击声音清脆响亮为优。

仿植物花草
排列规则，有秩序感，可用于局部装饰

马赛克选购技巧。
①包装外观无破损为优。
②产品颗粒同等规格大小一致，边沿整齐。
③釉面光滑、厚度大、吸水率低的马赛克为优品。

陶瓷马赛克
颜色丰富、经久耐用，用于墙面可做局部装饰

玻璃马赛克
轻松愉悦、温和清新，用于墙面可做小面积装饰

贝壳马赛克
抗压性不强，材质特殊，可小面积使用

马赛克

金属马赛克
现代时尚，用于墙面可做局部装饰

夜光马赛克
效果个性，很适合小面积装饰墙面

石材马赛克
效果天然、纹理随机，防水性差，不可用于卫生间墙面

实木马赛克
自然、古朴，用于墙面可小面积使用

混合马赛克
沉稳、高级，质感丰富，用于墙面可大面积使用

☑ 施工工艺

胶粘法 — 准备合适规格的墙砖 — 清除墙面污渍（基层清理） — 墙面做找平处理

涂抹于墙面与砖材背面 — 调和专用胶黏剂 — 轻质墙需加钢丝网

铺贴砖材 — 木槌敲击加固

钢结构干挂法 — 墙面基层处理 — 预埋钢板 — 固定钢架主龙骨

挂件连接钢骨架与砖材 — 安装钢结构挂件 — 镀锌角钢做次龙骨

处理完成面

点挂法 — 处理建筑墙面 — 在墙面上安装扣件 — 通过扣件连接石材

处理完成面 — 涂抹填缝剂

◪ 搭配技巧

斜形棱线铺贴增加层次感

斜形棱线铺贴是指方砖呈菱形铺贴，可使用一种单色、多种单色或单色与花砖混合等多种方式。此种方法常用于仿古砖、马赛克。

黑、白、灰色的墙砖通过斜形棱线的铺贴方法，显得不再单调无趣，而是形成了颇有装饰趣味的渐变效果，点缀着白色系的卫生间。

混合铺贴丰富墙面造型

混合铺贴可以将不同的墙砖进行混搭组合在墙面上，可以是不同品种的墙砖组合，也可以是相同品种、不同颜色的墙砖混搭，从而使墙面富有变化，装饰空间。

整个空间用多色块瓷砖墙进行分区，既好看又节约空间。

整个厨房墙面的色彩非常丰富，选择相同尺寸但颜色不同的仿古砖，混搭出符合室内风格的氛围。

工字铺贴视觉上拉伸空间

工字铺贴其实是木地板常用的铺设方法，也可以应用在墙砖的铺贴设计上。工字形有拉伸视觉的作用，因此还适合铺设在狭长的空间里。

工字铺贴比常规铺贴方式更好看，也不会过于张扬，对于面积较小的空间还有在视觉上放大空间的作用。

利用花砖填满橱柜的中空部分，复杂的图案，独特而有新意。

花砖增加视觉焦点

花砖一般花纹繁复，图案和风格多样，与正常瓷砖相比，由水泥制成的花砖更为厚实。花砖可以单面成型出现，也可以以组合拼接的形式出现，两者都能形成独具特色的视觉呈现。

异形砖创造视觉焦点

除了正方形和长方形这两种常规形状以外，墙砖还有很多其他形状。相较常规瓷砖的方正与普通，异形砖显得有些特立独行，但就是这种个性化的特点，可以根据喜好和风格随意搭配，让空间更具个性。

在橱柜的中空部分用白色的六角砖装饰，丰富墙面层次的同时，也方便清洁。

鱼鳞砖单块面积较小，因此比较适合小面积点缀。因为是小面积铺贴，所以可以选择较鲜艳的颜色来提亮空间。

六角3D立体砖，通过正方体3个面的渐变颜色，营造立体的视觉效果，非常具有空间感。

软硬包

软包与硬包的主要区别在于是否有软性填充料。软包墙面在面料和底板间有海绵等材料进行填充，硬包墙面的面料则是直接贴在底板上的，当软硬包墙面饰料应用于床头背景墙时，相比于硬包，柔软的软包更适合。除此之外软包墙面还可以在一定程度上掩盖底板不平的现象，而硬包墙面则无此功效。

第八章

节点 50. 混凝土基层软包墙面

软包墙面需与家具设施有较高的匹配程度，才能体现其完整性，否则会拖垮室内整体的装修效果。但若使用得当，软包墙面就可以高效地提升空间的立体感，提高生活质量。

施工步骤

步骤 1：
安装龙骨

建筑墙体 ·············

竖龙骨 ············

U 形固定夹 ············

阻燃衬板 ············

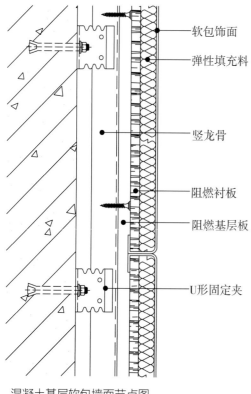

软包饰面

弹性填充料

竖龙骨

阻燃衬板

阻燃基层板

U形固定夹

软包饰面

不同软包墙面材料，会使墙面有着不一样的功能特点，选购软包材料时应先确定墙面的功能，再对材料进行购买。

转换成节点图

混凝土基层软包墙面节点图

步骤 2:
固定阻燃基层板

步骤 3:
安装阻燃衬板

步骤 4:
弹性填充料做填充层

步骤 5:
粘贴面料

阻燃基层板

弹性填充料

节点 51. 混凝土基层硬包墙面

硬包墙面相较软包墙面舒适度较低，但价格便宜且不易脏污，作为客厅的背景墙是一个很好的选择。此外，硬包墙面在高档酒店、会所、KTV 等商业建筑内也较为常见。

卡式龙骨竖档 @300mm

阻燃板
卡式龙骨横档 @450mm

皮革（织物）

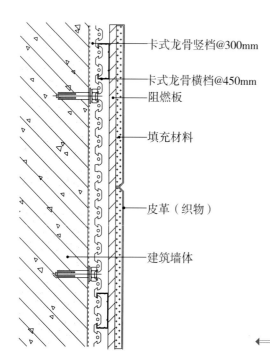

卡式龙骨竖档@300mm

卡式龙骨横档@450mm

阻燃板

填充材料

皮革（织物）

建筑墙体

若想得到一个优秀的硬包墙面，应先准备好安装图纸，并标记出每块硬包对应的安装位置及安装方向，保证安装过程不出现误差，得到的硬包墙面的施工效果就会趋于完美。

转换成节点图

混凝土基层硬包墙面节点图

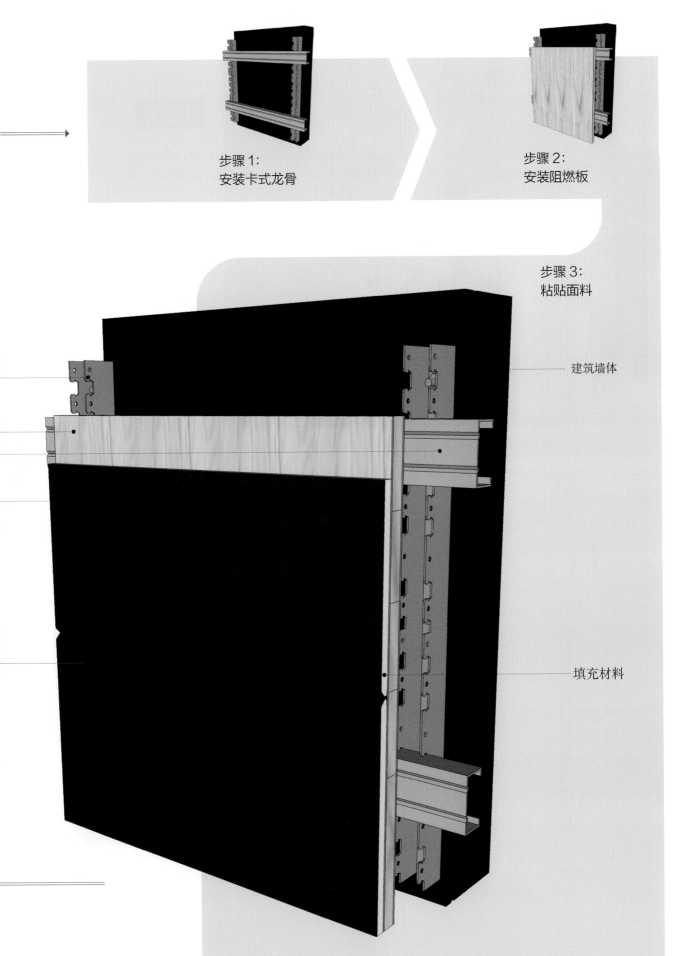

步骤 1:
安装卡式龙骨

步骤 2:
安装阻燃板

步骤 3:
粘贴面料

建筑墙体

填充材料

节点 52. 混凝土基层硬包墙面（有嵌条）

施工步骤

建筑墙体⋯⋯⋯⋯⋯
竖龙骨⋯⋯⋯⋯⋯
阻燃基层板⋯⋯⋯⋯

硬包墙面对比软包墙面立体感相对较弱，搭配嵌条能够突出硬包墙面立体感。将硬包墙面应用于卧室作为床头背景墙，还能够有效吸音，隔绝噪声，营造舒适睡眠氛围。

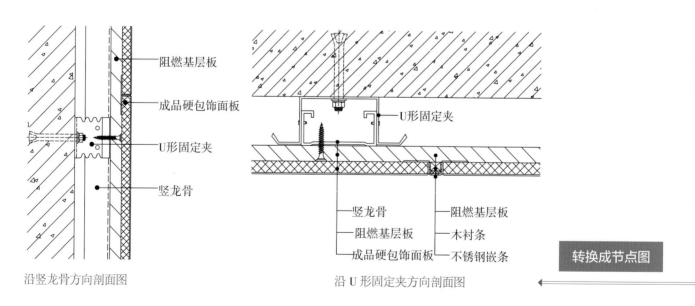

阻燃基层板
成品硬包饰面板
U形固定夹
竖龙骨

沿竖龙骨方向剖面图

U形固定夹

竖龙骨
阻燃基层板
成品硬包饰面板

阻燃基层板
木衬条
不锈钢嵌条

沿 U 形固定夹方向剖面图

转换成节点图

混凝土基层硬包墙面（有嵌条）节点图

步骤 1：
安装龙骨

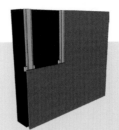

步骤 2：
安装阻燃基层板

步骤 3：
粘贴面料

步骤 4：
不锈钢嵌条修饰硬包墙面边线

—— 不锈钢嵌条

—— U 形固定夹

成品硬包饰面板

硬包墙面是用面料贴在基层板上包装的装饰墙面。基层板做成想要的形状后，把板材的边做成 45° 角的斜边，然后用布艺或人造皮革进行粘贴。

节点 53. 轻钢龙骨基层软包墙面

软包墙面具有吸音降噪、恒温保暖的优势，用在卧室墙面时，可以营造出温暖、安静的休息环境。此外，软包墙面还可以应用在室内客厅或者是办公场所的会客室中。

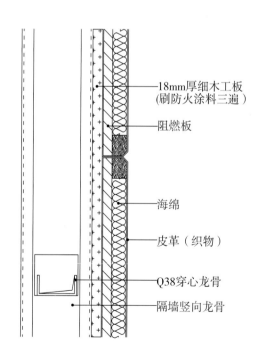

18mm厚细木工板（刷防火涂料三遍）

阻燃板

海绵

皮革（织物）

Q38穿心龙骨

隔墙竖向龙骨

轻钢龙骨基层软包墙面节点图

粘贴填料海绵时应避免使用含腐蚀成分的黏结剂，以免腐蚀材料，导致海绵厚度减少、底部发硬，使软包不饱满。所以粘贴海绵时应使用中性或不含腐蚀成分的黏结剂。

阻燃板

海绵

Q38穿心龙骨

转换成节点图

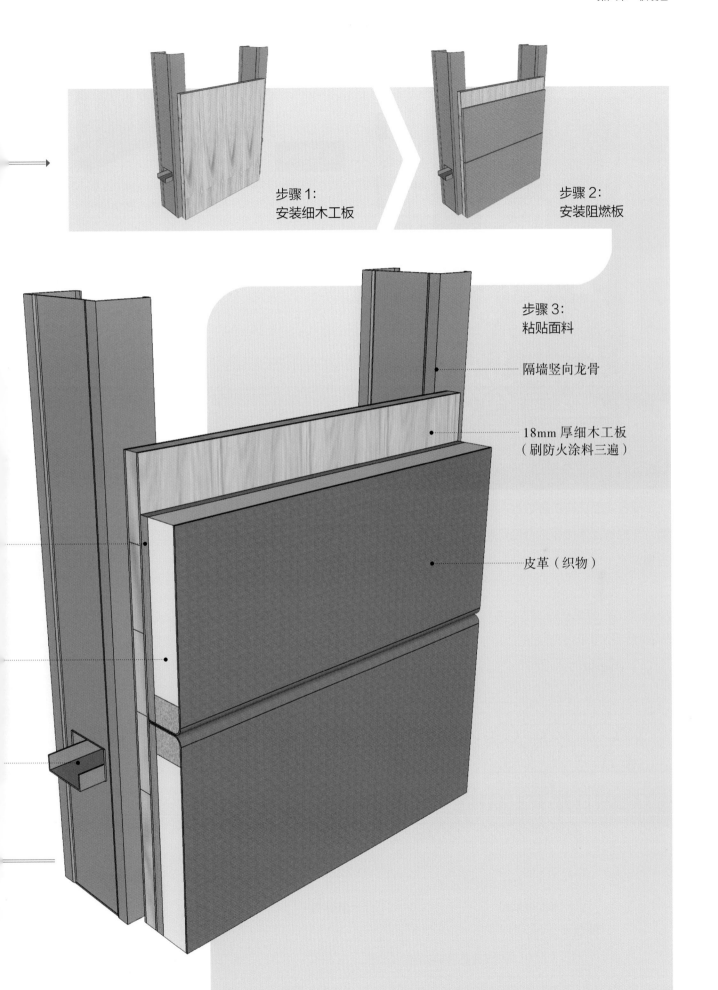

步骤 1:
安装细木工板

步骤 2:
安装阻燃板

步骤 3:
粘贴面料

隔墙竖向龙骨

18mm 厚细木工板
（刷防火涂料三遍）

皮革（织物）

节点 54. 轻钢龙骨基层硬包墙面

施工步骤

步骤 1：
安装龙骨、填充岩棉

硬包墙面具有防霉防水、阻燃防火且耐磨的优势，与轻钢龙骨墙体结合后，能够有效地减轻墙面自重。

木挂条阻燃处理

密度板基层

岩棉　　　　　　轻钢龙骨　　　　　　自攻螺钉

木挂条阻燃处理

密度板基层

硬包

阻燃板

纸面石膏板

转换成节点图

轻钢龙骨基层硬包墙面节点图

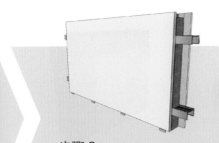

步骤2：
固定纸面石膏板

步骤3：
安装阻燃板

步骤4：
固定木挂条

步骤5：
粘贴面料

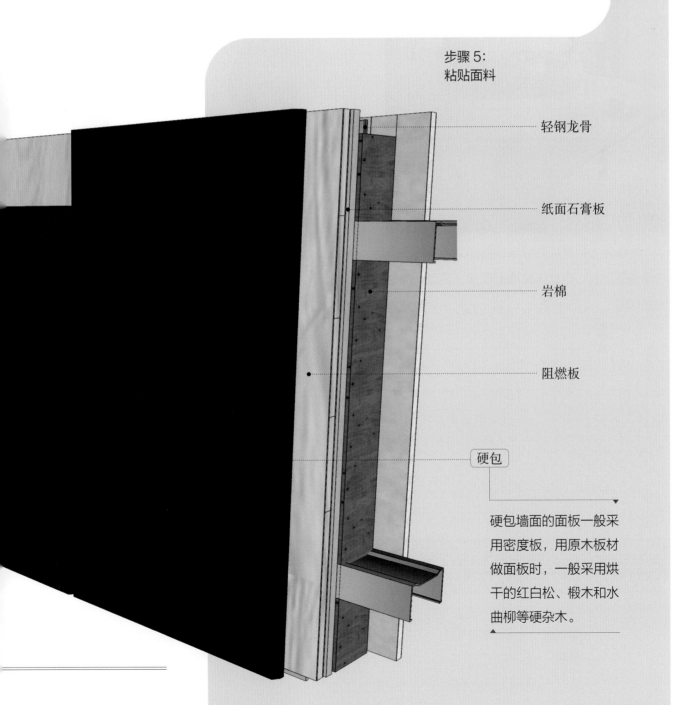

轻钢龙骨

纸面石膏板

岩棉

阻燃板

硬包

硬包墙面的面板一般采用密度板，用原木板材做面板时，一般采用烘干的红白松、椴木和水曲柳等硬杂木。

节点 55. 软硬包与乳胶漆相接（1）

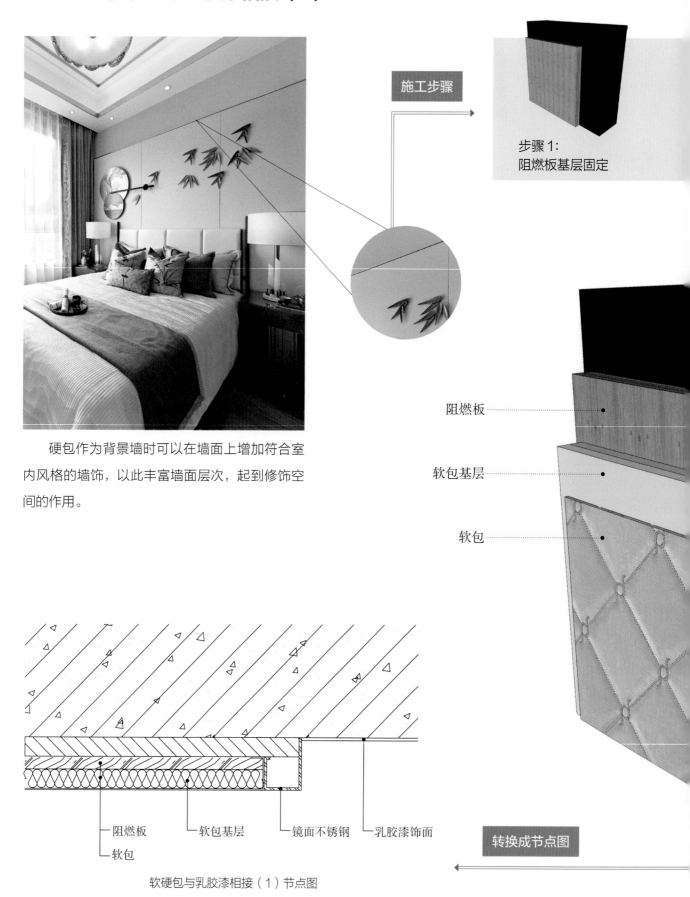

硬包作为背景墙时可以在墙面上增加符合室内风格的墙饰，以此丰富墙面层次，起到修饰空间的作用。

施工步骤

步骤 1：
阻燃板基层固定

阻燃板

软包基层

软包

阻燃板　软包基层　镜面不锈钢　乳胶漆饰面

软包

软硬包与乳胶漆相接（1）节点图

转换成节点图

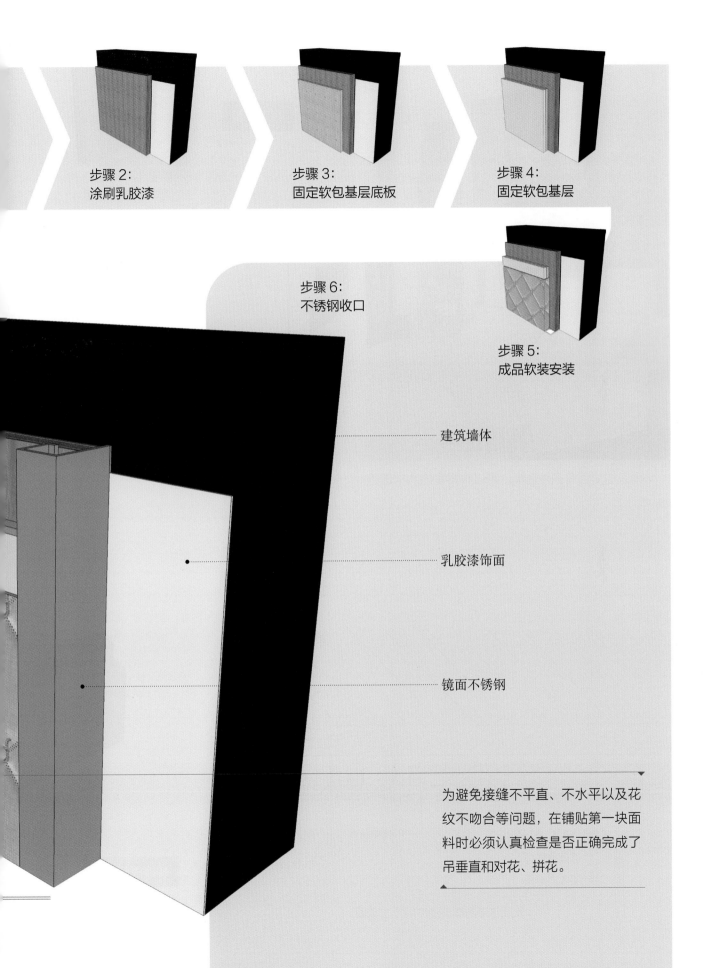

步骤 2：
涂刷乳胶漆

步骤 3：
固定软包基层底板

步骤 4：
固定软包基层

步骤 6：
不锈钢收口

步骤 5：
成品软装安装

建筑墙体

乳胶漆饰面

镜面不锈钢

为避免接缝不平直、不水平以及花纹不吻合等问题，在铺贴第一块面料时必须认真检查是否正确完成了吊垂直和对花、拼花。

节点56.软硬包与乳胶漆相接（2）

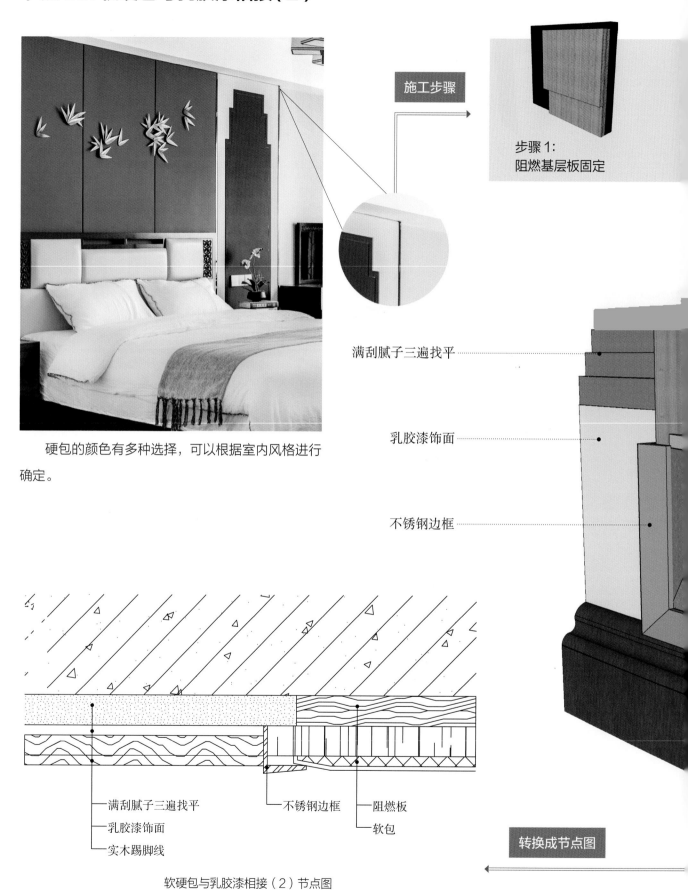

硬包的颜色有多种选择，可以根据室内风格进行确定。

施工步骤

步骤1：
阻燃基层板固定

满刮腻子三遍找平

乳胶漆饰面

不锈钢边框

满刮腻子三遍找平
乳胶漆饰面
实木踢脚线

不锈钢边框
阻燃板
软包

转换成节点图

软硬包与乳胶漆相接（2）节点图

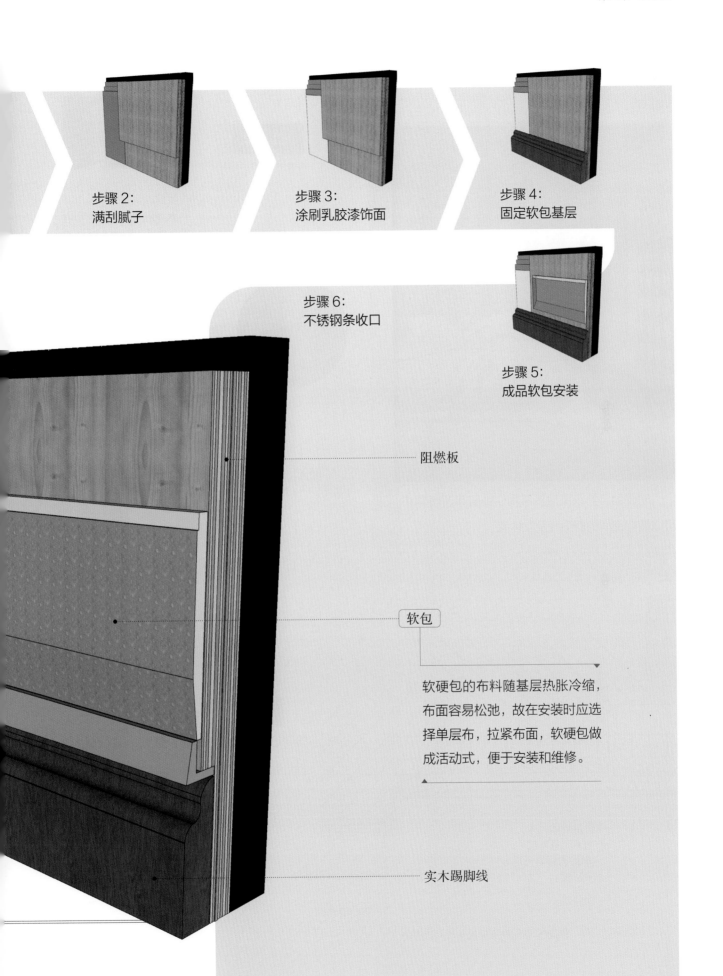

步骤2：
满刮腻子

步骤3：
涂刷乳胶漆饰面

步骤4：
固定软包基层

步骤6：
不锈钢条收口

步骤5：
成品软包安装

阻燃板

软包

软硬包的布料随基层热胀冷缩，布面容易松弛，故在安装时应选择单层布，拉紧布面，软硬包做成活动式，便于安装和维修。

实木踢脚线

节点 57. 软硬包与乳胶漆相接（3）

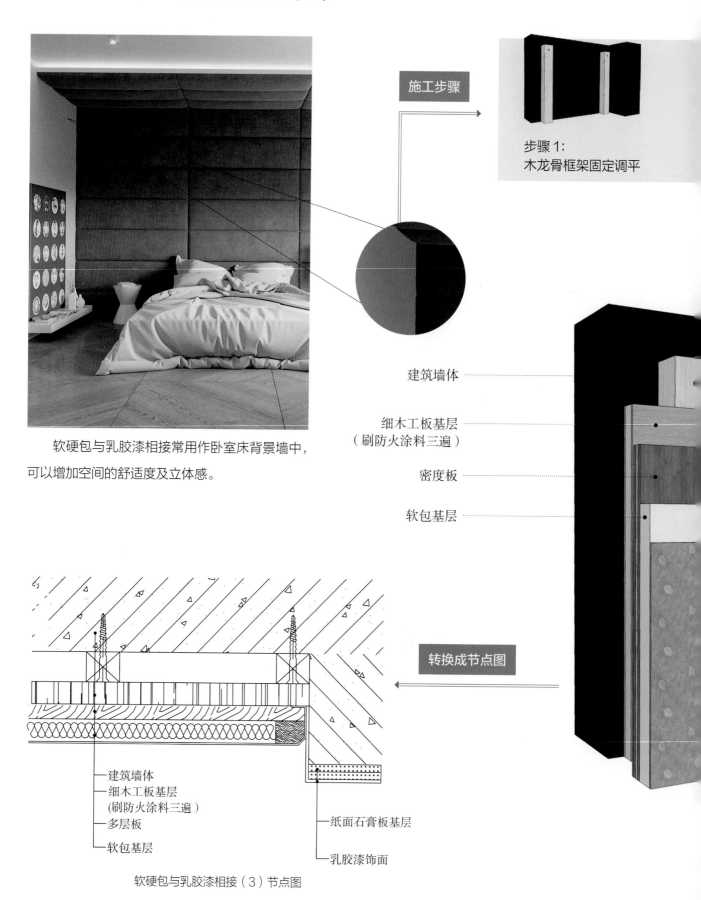

软硬包与乳胶漆相接常用作卧室床背景墙中，可以增加空间的舒适度及立体感。

施工步骤

步骤 1：
木龙骨框架固定调平

建筑墙体

细木工板基层
（刷防火涂料三遍）

密度板

软包基层

转换成节点图

建筑墙体
细木工板基层
(刷防火涂料三遍)
多层板
软包基层

纸面石膏板基层

乳胶漆饰面

软硬包与乳胶漆相接（3）节点图

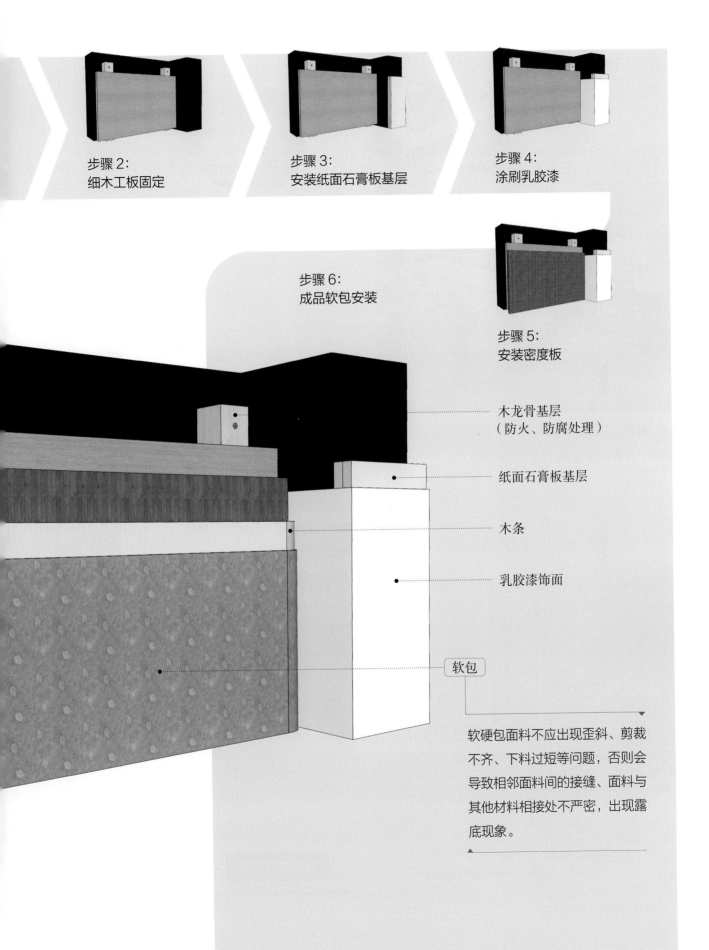

步骤 2:
细木工板固定

步骤 3:
安装纸面石膏板基层

步骤 4:
涂刷乳胶漆

步骤 6:
成品软包安装

步骤 5:
安装密度板

木龙骨基层
（防火、防腐处理）

纸面石膏板基层

木条

乳胶漆饰面

软包

软硬包面料不应出现歪斜、剪裁不齐、下料过短等问题，否则会导致相邻面料间的接缝、面料与其他材料相接处不严密，出现露底现象。

节点 58. 软硬包与壁纸相接

温馨柔和的米棕色硬包与以灰白为主色调的壁纸相接，作为卧室墙面，简约而不简单。

施工步骤

为避免壁纸内部出现起泡的现象，壁纸铺贴前应先在其背面涂刷壁纸胶并静置一段时间，使壁纸变得湿润，再将其依照正常工序铺贴在墙面上。

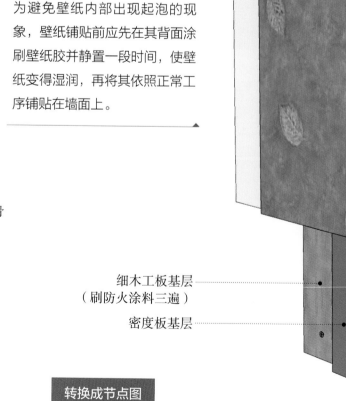

壁纸

纸面石膏板打底

40mm×40mm木龙骨
（防火、防腐处理）

细木工板基层
（刷防火涂料三遍）

木楔

细木工板基层
（刷防火涂料三遍）

织布饰面

密度板基层

软硬包与壁纸相接节点图

细木工板基层
（刷防火涂料三遍）

密度板基层

转换成节点图

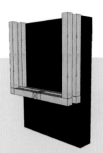

步骤 1：
安装木龙骨

步骤 2：
安装细木工板

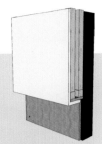

步骤 3：
安装石膏板

步骤 5：
成品软硬包安装

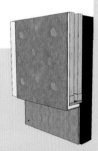

步骤 4：
粘贴壁纸

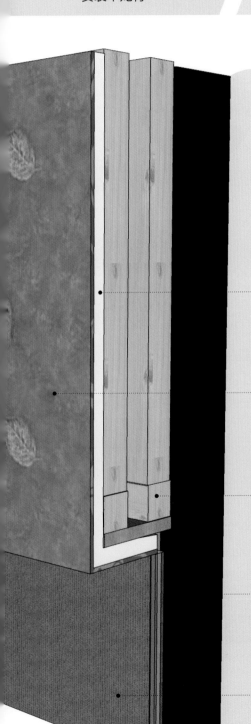

—— 纸面石膏板打底

—— 壁纸

—— 40mm×40mm 木龙骨
（防火、防腐处理）

—— 建筑墙体

—— 织布饰面

节点 59. 软硬包与不锈钢相接

施工步骤

卧室背景墙采用墨绿色软硬包与深棕色漆面不锈钢相接，刚与柔的"碰撞"，立体与平面的"交汇"，相辅相成，相得益彰。

成品不锈钢是一种不锈钢复合的装饰型材，是由不锈钢面板和高强内衬复合压制而成的，无须烦琐的工序制作，且安装简便，只需安装挂件后直接进行挂装即可。

硬包密度板基层

皮革硬包

多层板基层
（刷防火涂料三遍）

工艺缝

木挂条

不锈钢踢脚线

转换成节点图

软硬包与不锈钢相接节点图

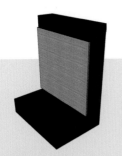

步骤 1:
多层板做基层

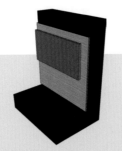

步骤 2:
硬包密度板固定

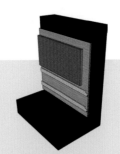

步骤 3:
安装踢脚线木挂条

步骤 5:
软硬包安装

步骤 4:
安装不锈钢踢脚线

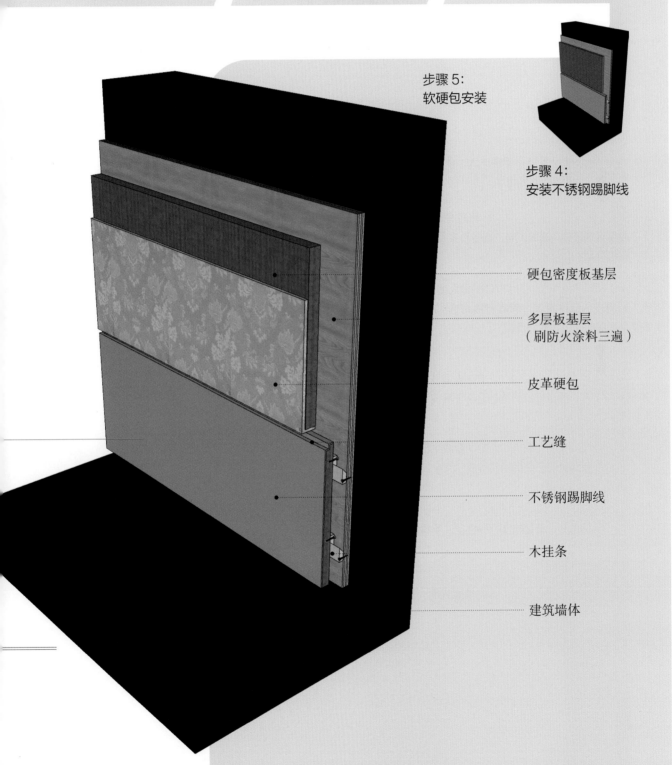

硬包密度板基层

多层板基层
（刷防火涂料三遍）

皮革硬包

工艺缝

不锈钢踢脚线

木挂条

建筑墙体

材质分类

人造皮革选购技巧。
①优等品耐酸、耐碱、耐水等性能良好，无褪色、变色问题。
②人造革重量较天然皮革更轻，没有虫蛀、发霉等天然皮革的先天性缺点。
③燃烧样品，质量好的产品无刺鼻气味。

皮革

PVC 发泡人造革
成品质轻、手感丰满、柔软，用于墙壁及家具的硬包、软包造型

普通 PVC 人造革
成品手感较硬、耐磨，用于墙壁及家具的硬包、软包造型

PVC 绒面人造革
俗称人造麂皮，品种繁多，面层有绒面感，用于墙壁及家具的硬包、软包造型

PU 人造革
质量参差不齐，质量好的价格甚至高于真皮

PU 合成牛巴革
表面类似于绒面的头层皮，强度较高

PU 合成疯马革
手感光滑，柔韧结实，弹性足，手推表皮会变色

人造皮革
在家居空间的背景墙面上较为常见

PU 合成镜面革
表面光滑，光亮耀人，具有镜面效果

水洗 PU 合成革
有复古效果的 PU 合成革

天然皮革
常应用于家居空间、酒店空间以及少部分商业空间

全粒面头层皮革
由伤残较少的上等原料皮加工而成，用于家具和墙面的软包、硬包

修面头层皮革
耐磨性和透气性比全粒面头层皮革差，用于家具和墙面的软包、硬包

二层皮革
牢度、耐磨性较差，是同类皮革中最廉价的一种，用于家具和墙面的软包、硬包

天然皮革选购技巧。
①真皮气味较浓，厚度较厚，一般大于 1.0mm，耐折耐磨。
②质量好的天然皮革柔软度好，有光泽，不易变形，真皮有明显分层，呈过渡性状态。

天然纤维选购技巧。
①闻气味，质量好的天然纤维气味清淡。
②看标志，质量合格的产品包装上会注明国家认可的标志。
③注意对产品的环保性检查。
④燃烧样品时无刺鼻气味为优品。

天然纤维
广泛应用于展示空间、酒店空间及家装背景墙

棉布
以棉线为原料，用于墙壁及家具的硬包、软包造型

麻布
以麻丝为原料，用于墙壁及家具的硬包、软包造型

真丝布
以桑蚕丝、柞蚕丝等为原料，主要用于墙壁及家具软包造型

布料

人造纤维及混合织物
常见于家装空间及酒店空间中

化纤布
以化学、合成或人造纤维制成，用于墙壁及家具的硬包、软包造型

混纺布
棉麻及人造合成纤维，用于墙壁及家具的硬包、软包造型

人造纤维及混合织物选购技巧。
①用水浸泡样品，缩水率小则为优等品。
②燃烧样品，质量好的无明显刺鼻气味。
③看色彩是否均匀，以及表面整洁度。

▨ 施工工艺

布料 — 直接铺贴法 — 施工流程
①将面料固定在基层板上。
②中间部分用线条做造型以丰富层次。

预制施工法 — 施工流程
①根据图纸将硬包材料做成单独块体。
②用钉接加胶粘的方式将硬包块体固定在基层板上。

硬包施工

皮革 — 成卷铺装 — 适用材料
人造皮革做硬包面层时，可成卷铺装，对比天然皮革有限的幅面，人造皮革可大面积供应。

分块固定 — 适用材料
比较适合幅面有限的天然皮革，天然皮革固定在底板上制作成硬包块，也可直接购买成品（施工分层图）。

型条软包

施工流程

①将型条暗图纸固定在墙面衬板上。
②中间填充海绵，皮革覆盖在海绵上。
③用塞刀把皮革塞在型条里，将皮革抻平整。

木龙骨做基层施工图

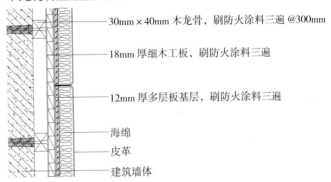

30mm×40mm 木龙骨，刷防火涂料三遍 @300mm

18mm 厚细木工板，刷防火涂料三遍

12mm 厚多层板基层，刷防火涂料三遍

海绵

皮革

建筑墙体

卡式龙骨做基层施工图

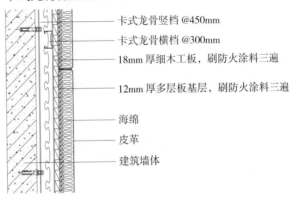

卡式龙骨竖档 @450mm
卡式龙骨横档 @300mm
18mm 厚细木工板，刷防火涂料三遍
12mm 厚多层板基层，刷防火涂料三遍
海绵
皮革
建筑墙体

软包施工

预制块铺贴

施工流程

①根据图纸制作单独块体。
②固定在基层板上（基层材料根据墙体材料选择使用轻钢龙骨或木龙骨）。

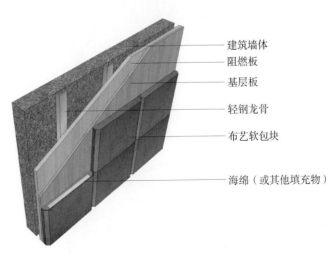

建筑墙体
阻燃板
基层板
轻钢龙骨
布艺软包块
海绵（或其他填充物）

施工分层图

◤ 搭配技巧

软硬包造型可与室内风格呼应

软硬包的款式有很多，可以根据室内风格进行选择。比如偏现代风格的空间，软硬包可以采用常规的方形款式，比较简洁；如果室内风格偏欧式，那么可以选择菱形、立体圆形等样式。

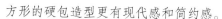

方形的硬包造型更有现代感和简约感。

欧式风格的空间可以用复杂一点的软硬包造型，会显得更华丽。

根据材质特点决定使用面积

　　天然皮革具有无可比拟的光泽感和手感，但其幅面有天然的限制性，且使用面积过大后也容易让人感觉单调，更建议将其用在背景墙部位，可起到提升室内整体品质感的作用。而人造皮革可以大面积使用，但需注意的是，当皮革的纹理较突出时，造型则不宜过于复杂，最好以简洁的大块面为主。

不同颜色的天然皮革设计在沙发墙上，与皮质家具搭配，彰显品质感和高级感。

深灰色人造皮革设计的硬包背景墙，搭配湖蓝色软装，复古而高雅。

不同材质软硬包营造不同氛围

近年来，随着人们审美的提高和对舒适性的不断追求，布料和皮革开始大量用于室内装饰工程中做饰面材料，最常用的方式为制作墙面的硬包或软包造型。布料软硬包有柔软、温馨的感觉，而皮革相对更具个性，有高级感。

丝质布料

不锈钢条

营造现代都市氛围

不锈钢条搭配丝质布料，将床头墙制成了硬包造型，呈现出独特的现代感。

呈现低调的古典氛围

沙发背景墙以灰色麻纹布硬包与中式雕花墙板为基础，装裱精美的古典卷轴画为墙面装饰，渲染着中式传统意蕴。

麻布纹

金属墙板

 白色皮革　　　 茶色玻璃

呈现低调的古典氛围

客厅背景墙用白色皮革做软包造型，时尚而具有高级感。

 灰色皮革　　　 金属装饰品

亮眼且又独特

经过特殊处理的皮革，具有个性的装饰效果。

钢结构及砌体
结构隔墙

　　钢结构隔墙，通常指的是轻钢龙骨隔墙，它具有刚度大、自重轻、整体性好、易于加工和大批量生产的优点。同时，钢结构隔墙具有良好的耐腐性、耐火性以及隔音、保温的效果。砌体结构的材料通常包括轻质块体材料、烧结空心砖、蒸压加气混凝土砌块和轻骨料混凝土小型空心砌块。具有良好的耐久性、耐火性以及保温隔热性，常用于卧室和客厅隔墙。

第九章

节点 60. 轻体砌块隔墙

橱柜最好不要悬挂在轻体砌块隔墙上，但对于已铺贴瓷砖的轻体砌块隔墙，由于水泥能增强墙体的承重能力，即使不做特殊处理，也可将橱柜悬挂在轻体砌块隔墙上。

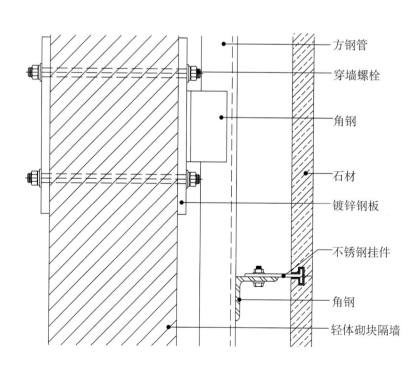

方钢管

穿墙螺栓

角钢

石材

镀锌钢板

不锈钢挂件

角钢

轻体砌块隔墙

转换成节点图

轻体砌块隔墙节点图

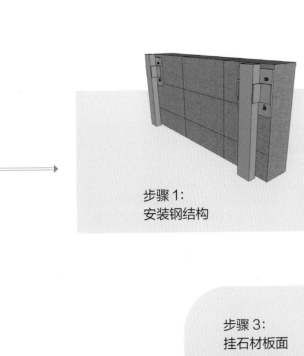

步骤 1:
安装钢结构

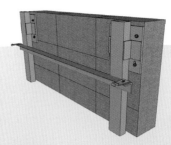

步骤 2:
安装外挂不锈钢挂件

步骤 3:
挂石材板面

雨季时，砌块的浇水养护主要以湿润为目的；非雨季时，浇水养护主要以增加砌块的浸水度为目的。

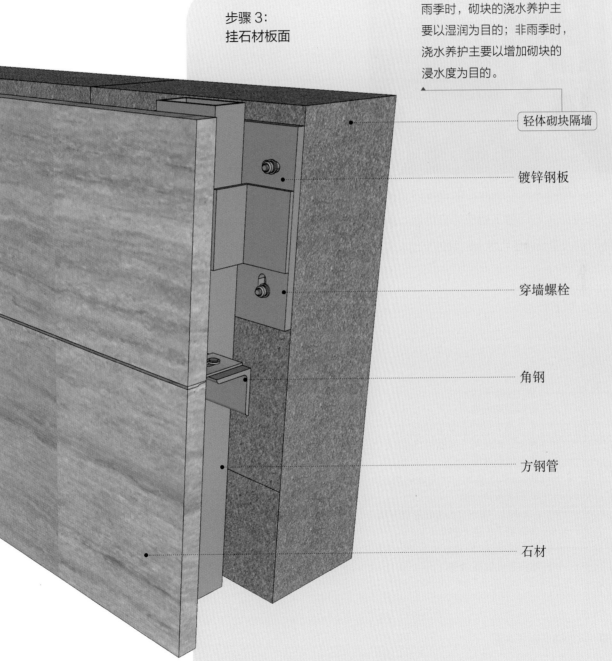

轻体砌块隔墙

镀锌钢板

穿墙螺栓

角钢

方钢管

石材

节点 61. 加气砌块基层乳胶漆墙面

加气砌块基层乳胶漆墙面的配色较为灵活，装修完后如果施工方保留了相应的有色漆，就可以在补色时省去重新调色和色卡的额外支出。

施工步骤

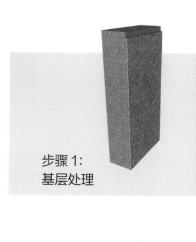

步骤 1：
基层处理

加气混凝土或加气硅酸盐砌块墙基层

乳胶漆作为水分散性的涂料，在运输过程中的贮存温度要在 0℃以上，否则会结冻，影响施工。施工温度则需在 5℃以上，否则会影响乳胶漆成膜。

刷白色乳胶漆两遍

转换成节点图

加气混凝土或加气
硅酸盐砌块墙基层
聚合物水泥砂浆喷浆墙面
墙面钉钢丝网（密度约15mm×15mm）
墙面用水淋湿
10mm厚1：0.2：3水泥砂浆刮底
刷素水泥膏一道
6mm厚1：0.2：3水泥砂浆找平层
满刮腻子三遍并磨平
刷封闭底涂料一遍
刷白色乳胶漆两遍

加气砌块基层乳胶漆墙面节点图

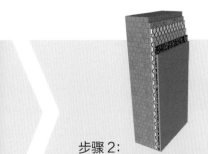

步骤 2：
挂网刮底并刷素水泥

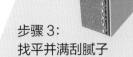

步骤 3：
找平并满刮腻子

步骤 4：
刷封闭底涂料

步骤 5：
刷乳胶漆

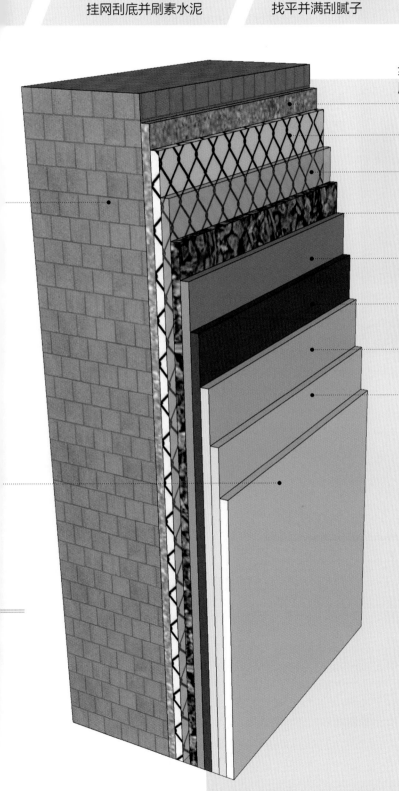

聚合物水泥砂浆喷浆墙面

墙面钉钢丝网
（密度约 15mm×15mm）

墙面用水淋湿

水泥砂浆刮底

刷素水泥一道

6mm 厚 1：0.2：3
水泥砂浆找平层

满刮腻子三遍并磨平

刷封闭底涂料一遍

节点 62. 轻体砌块基层壁纸铺贴墙面

使用壁纸饰面，增加空间装饰层次是比较经济型的做法。壁纸具有能够适应各种空间风格的特点，通过印刷、压花模具表现不同图案，营造不同空间氛围。

轻质砖墙体

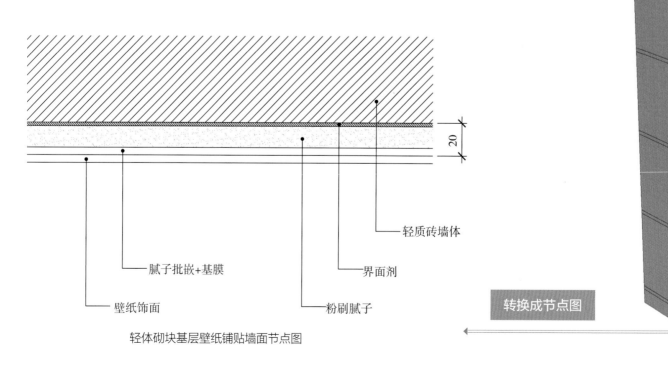

20

轻质砖墙体

界面剂

腻子批嵌+基膜

粉刷腻子

壁纸饰面

转换成节点图

轻体砌块基层壁纸铺贴墙面节点图

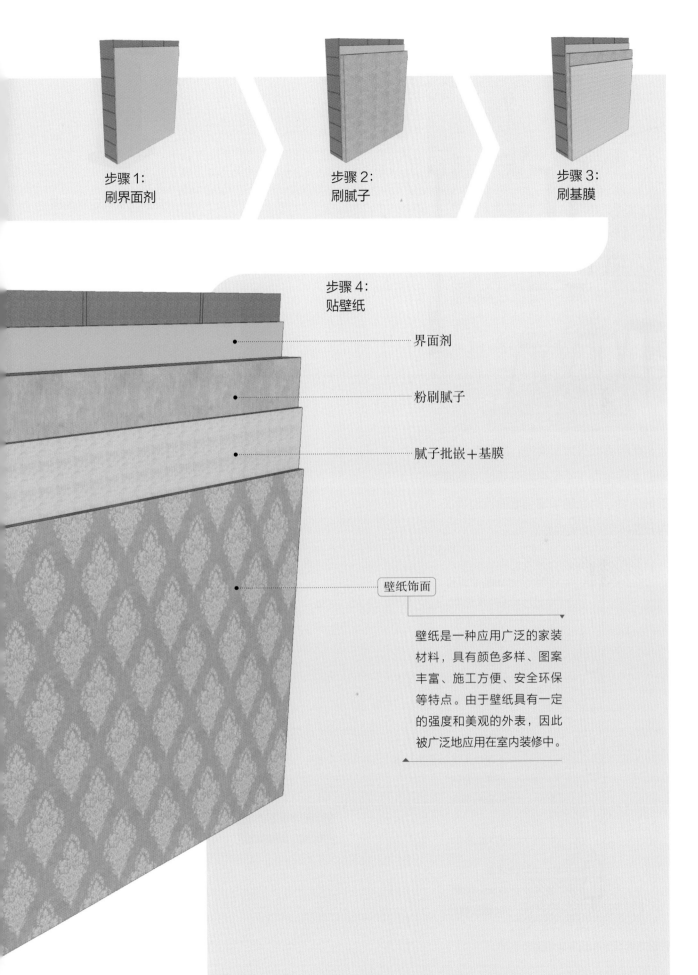

步骤 1：
刷界面剂

步骤 2：
刷腻子

步骤 3：
刷基膜

步骤 4：
贴壁纸

界面剂

粉刷腻子

腻子批嵌＋基膜

壁纸饰面

壁纸是一种应用广泛的家装材料，具有颜色多样、图案丰富、施工方便、安全环保等特点。由于壁纸具有一定的强度和美观的外表，因此被广泛地应用在室内装修中。

节点 63. 轻钢龙骨基层陶瓷墙砖墙面

在简洁的厨房空间中，搭配带有设计感的瓷砖墙面，不仅可以有效地提高墙面的耐久性，而且能够增强墙面造型层次，提升整体空间的美观性。

施工步骤

步骤1：
安装龙骨固定水泥板

Q75 竖龙骨 ⋯⋯⋯⋯

双层钢丝网 ⋯⋯⋯⋯

水泥砂浆找平 ⋯⋯⋯⋯

——M8膨胀螺栓
——Q75顶龙骨
——Q75竖龙骨
——Q38穿心龙骨
——水泥板
——双层钢丝网
——水泥砂浆找平
——JS防水涂料
——水泥砂浆保护层
——干硬性水泥砂浆黏结剂
——马赛克背网
——陶瓷马赛克
——Q75地龙骨
——地梁
——φ8mm配筋
——M8膨胀螺栓

对常常出现雨雾天气的地区来说，墙砖会导致墙面出现水珠，容易使室内受潮。

转换成节点图

轻钢龙骨基层陶瓷墙砖墙面节点图

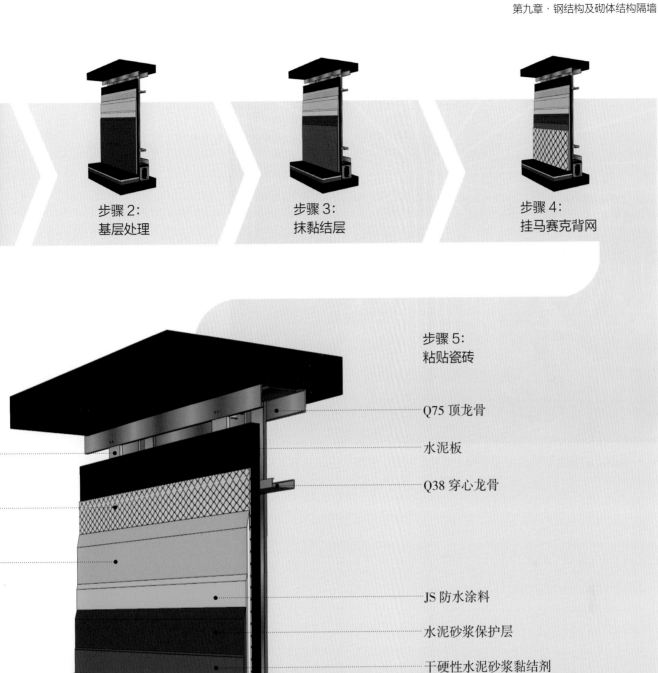

步骤 2:
基层处理

步骤 3:
抹黏结层

步骤 4:
挂马赛克背网

步骤 5:
粘贴瓷砖

Q75 顶龙骨

水泥板

Q38 穿心龙骨

JS 防水涂料

水泥砂浆保护层

干硬性水泥砂浆黏结剂

马赛克背网

陶瓷马赛克

地梁

节点 64. 轻钢龙骨基层玻璃墙面

墙面上的镜面玻璃反射了顶棚上灯带的线条，使整个空间充满了科技感。

施工步骤

转换成节点图

专用胶

Q38穿心龙骨

Q75轻钢龙骨
（上下顶底固定）

18mm厚细木工板
（刷防火涂料三遍）

玻璃

轻钢龙骨基层玻璃墙面节点图

步骤 1:
安装 Q75 轻钢龙骨

步骤 2:
安装细木工板

步骤 3:
刷艺术玻璃专用胶

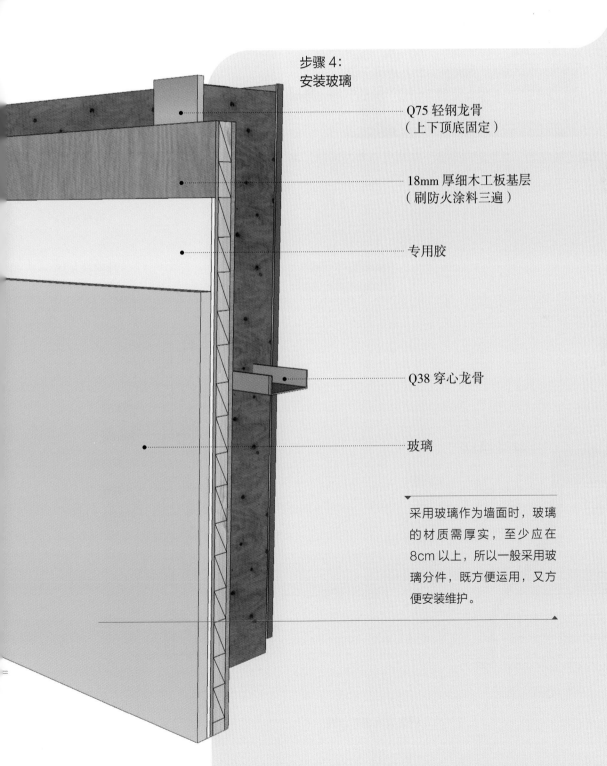

步骤 4:
安装玻璃

Q75 轻钢龙骨
（上下顶底固定）

18mm 厚细木工板基层
（刷防火涂料三遍）

专用胶

Q38 穿心龙骨

玻璃

采用玻璃作为墙面时，玻璃
的材质需厚实，至少应在
8cm 以上，所以一般采用玻
璃分件，既方便运用，又方
便安装维护。

节点 65. 钢骨架隔墙

钢骨架隔墙比较坚固，并且耐磨耐潮，非常适合用在客厅、书房或办公区域的空间分隔中。

施工步骤

转换成节点图

方钢管

硅酸钙板

挂网抹灰层

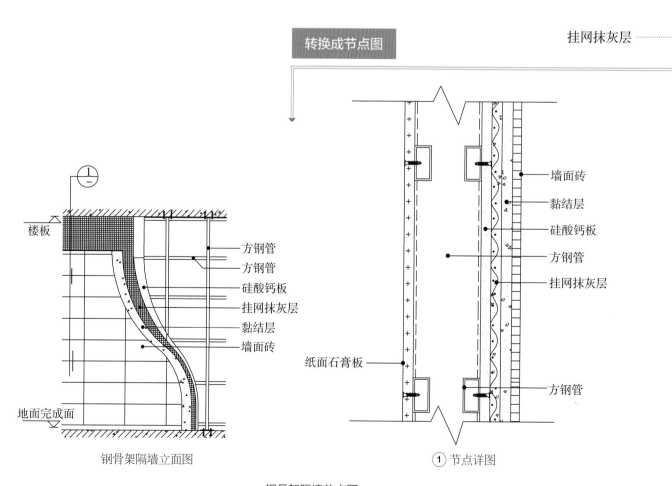

钢骨架隔墙立面图

① 节点详图

钢骨架隔墙节点图

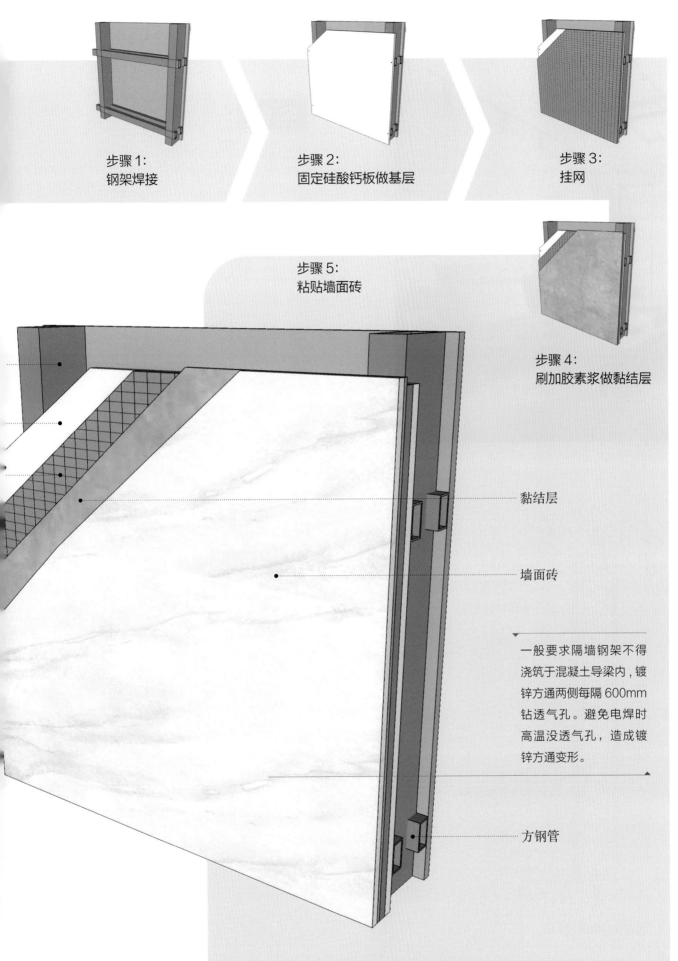

步骤1：
钢架焊接

步骤2：
固定硅酸钙板做基层

步骤3：
挂网

步骤5：
粘贴墙面砖

步骤4：
刷加胶素浆做黏结层

黏结层

墙面砖

一般要求隔墙钢架不得浇筑于混凝土导梁内，镀锌方通两侧每隔600mm钻透气孔。避免电焊时高温没透气孔，造成镀锌方通变形。

方钢管

节点 66. 轻钢龙骨隔墙

施工步骤

轻钢龙骨隔墙不能贴砖，所以不太适合设置在卫生间或厨房中。

中间竖向龙骨应按照面板的宽度，以不大于 1/2 板宽加缝隙宽度（一般为 5mm）分档设置，其间距不宜大于 600mm，两端应用射钉固定。当两隔墙横纵向交接时，交接部位的竖向龙骨不可省略。

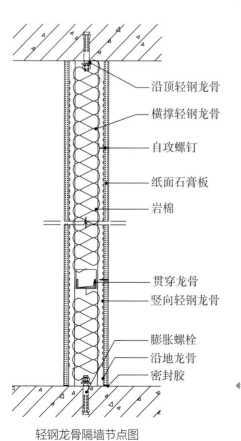

沿顶轻钢龙骨

横撑轻钢龙骨

自攻螺钉

纸面石膏板

岩棉

贯穿龙骨
竖向轻钢龙骨

膨胀螺栓
沿地龙骨
密封胶

转换成节点图

轻钢龙骨隔墙节点图

步骤 1:
安装天地龙骨

步骤 2:
安装竖向龙骨

步骤 3:
安装横撑轻钢龙骨

步骤 5:
安装另一侧石膏板及填充材料

步骤 4:
安装一侧石膏板

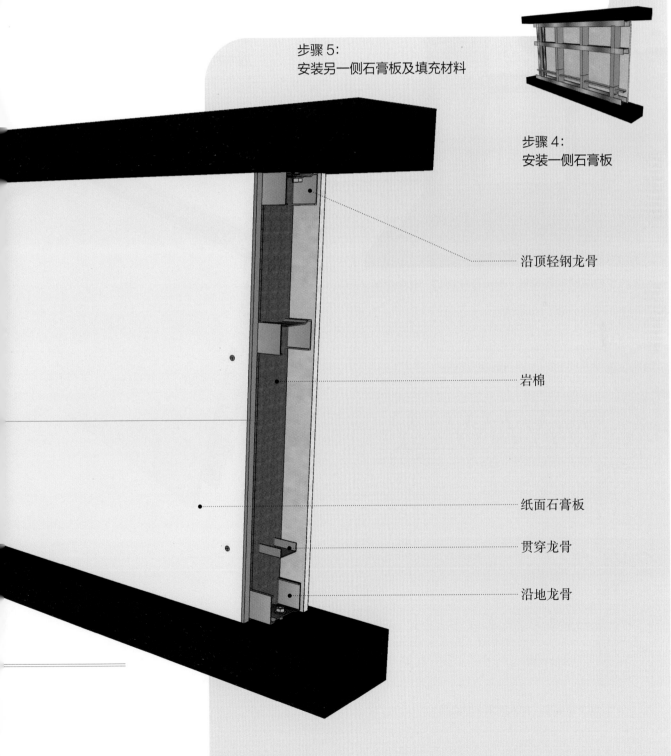

沿顶轻钢龙骨

岩棉

纸面石膏板

贯穿龙骨

沿地龙骨

节点 67. 轻钢龙骨隔墙（顶部转角）

轻钢龙骨隔墙的重量轻，耐火性比较好，用在玄关、客厅等空间作为分隔，非常适合。

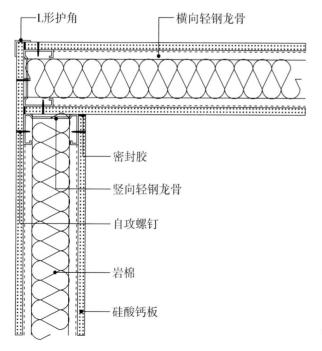

轻钢龙骨隔墙（顶部转角）节点图

施工步骤

轻钢龙骨隔墙转角处要增加护角，以保证墙角交接的平整牢固。

L 形护角

转换成节点图

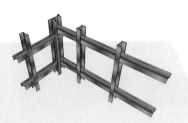

步骤 1:
安装轻钢龙骨

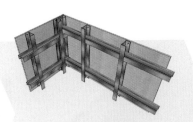

步骤 2:
安装一侧石膏板

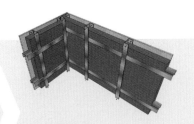

步骤 3:
填充岩棉

步骤 4:
安装另一侧石膏板

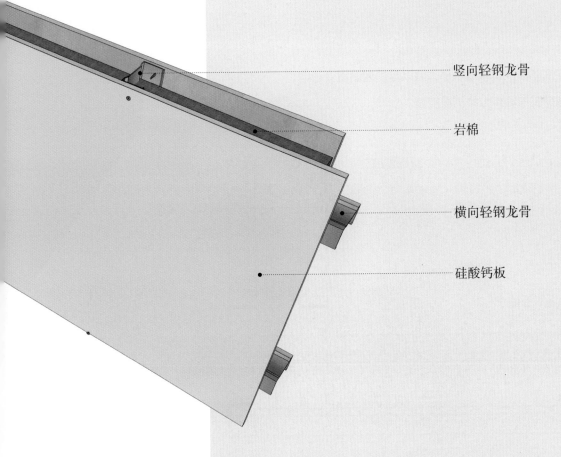

竖向轻钢龙骨

岩棉

横向轻钢龙骨

硅酸钙板

节点 68. 轻钢龙骨隔墙（底部转角）

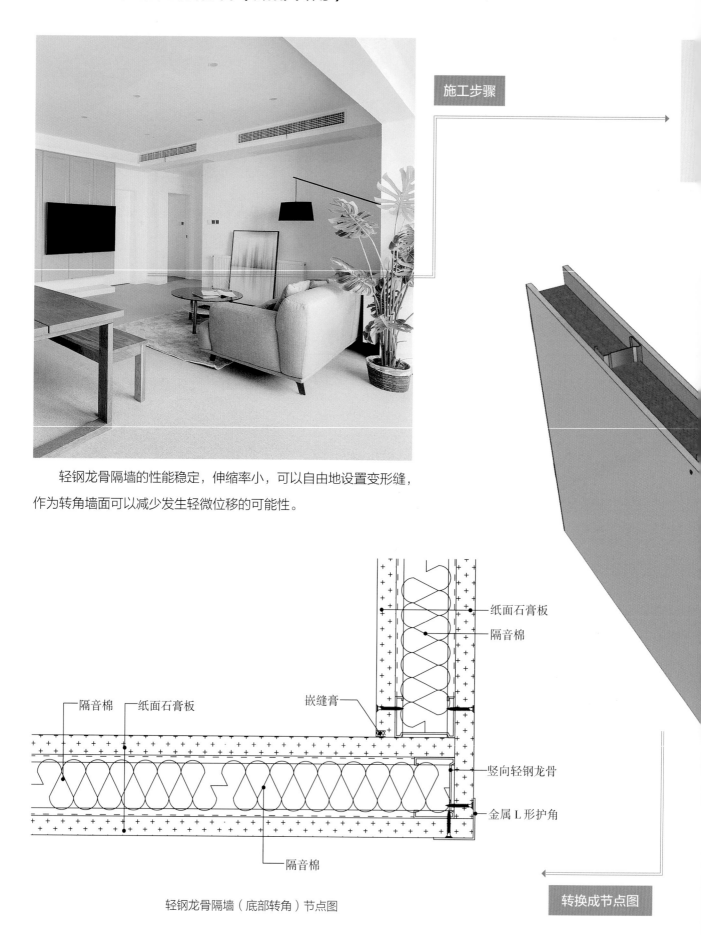

施工步骤

轻钢龙骨隔墙的性能稳定，伸缩率小，可以自由地设置变形缝，作为转角墙面可以减少发生轻微位移的可能性。

纸面石膏板

隔音棉

隔音棉　纸面石膏板

嵌缝膏

竖向轻钢龙骨

金属 L 形护角

隔音棉

轻钢龙骨隔墙（底部转角）节点图

转换成节点图

步骤 1:
安装轻钢龙骨

步骤 2:
安装一侧石膏板

步骤 3:
填充岩棉

步骤 5:
自攻螺栓固定金属 L 形转角

步骤 4:
安装另一侧石膏板

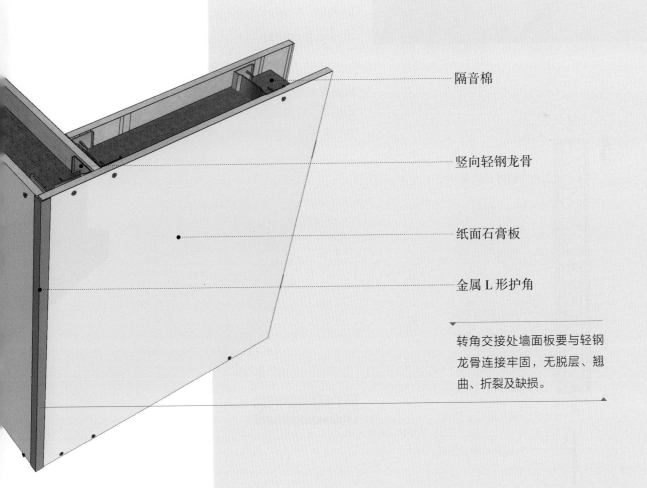

隔音棉

竖向轻钢龙骨

纸面石膏板

金属 L 形护角

转角交接处墙面板要与轻钢
龙骨连接牢固，无脱层、翘
曲、折裂及缺损。

节点 69. 轻钢龙骨石膏板隔墙

施工步骤

步骤 1:
现浇混凝土隔墙

轻钢龙骨石膏板隔墙作为室内隔墙时，最常见的就是刷上白色的乳胶漆，便可以简单、方便地营造出明亮干净的家居氛围。

轻钢龙骨骨架安装必须牢固，无松动，位置准确，骨架应顺直，无弯曲、变形和劈裂。

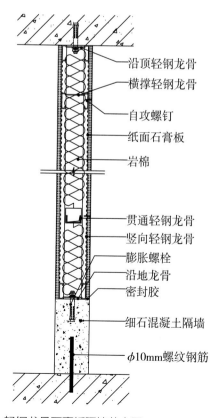

沿顶轻钢龙骨
横撑轻钢龙骨
自攻螺钉
纸面石膏板
岩棉

贯通轻钢龙骨
竖向轻钢龙骨
膨胀螺栓
沿地龙骨
密封胶

转换成节点图

细石混凝土隔墙

φ10mm螺纹钢筋

轻钢龙骨石膏板隔墙节点图

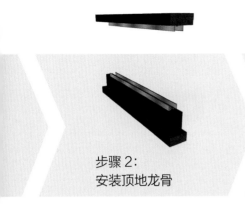

步骤2：
安装顶地龙骨

步骤3：
安装竖向龙骨

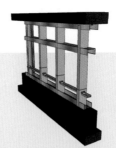

步骤4：
安装横向龙骨

步骤6：
安装两侧石膏板

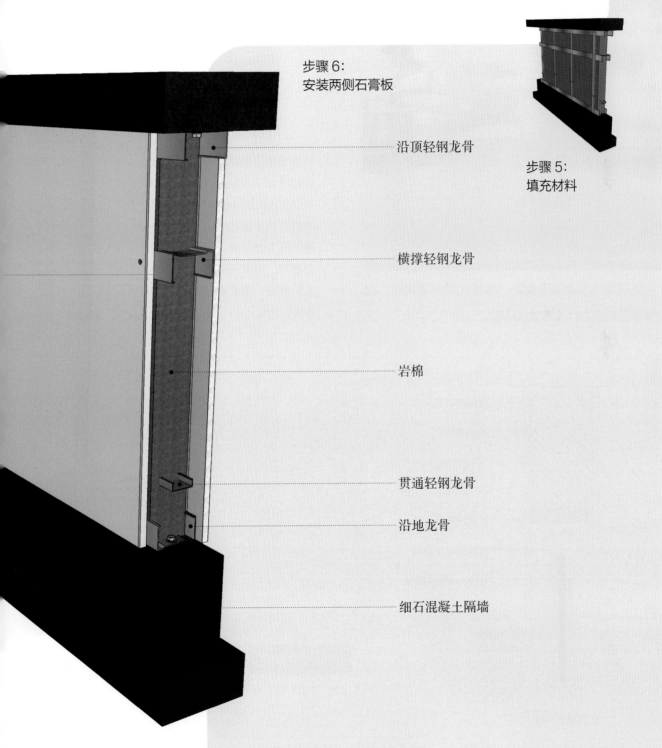

步骤5：
填充材料

沿顶轻钢龙骨

横撑轻钢龙骨

岩棉

贯通轻钢龙骨

沿地龙骨

细石混凝土隔墙

节点 70. 轻质墙

轻质墙作为室内隔墙时，能够实现保温保暖，为居住者提供更为舒适的居住环境。

施工步骤

轻质墙体

轻质墙施工的材料重量轻，为红砖的 1/4，混凝土的 1/5，这样不仅能有效地减轻建筑物的自重，同时可减少基础的经济投入，又便于施工与运输。人工能够搬运和安装，不影响同步施工，材料运输量小，建筑物荷载减小，建筑造价降低。

镀锌钢丝网

轻质墙体

专用腻子粉

水泥砂浆结合层

细石混凝土导墙

ϕ10 mm螺纹钢筋

轻质墙节点图

转换成节点图

步骤1：
现浇细混凝土导墙

步骤2：
固定轻质墙体

步骤3：
挂镀锌钢丝网

步骤5：
粉刷墙壁腻子

步骤4：
固定轻质隔墙板

镀锌钢丝网

水泥砂浆结合层

腻子粉

细石混凝土导墙

ϕ10mm 螺纹钢筋

专题 钢结构及砌体结构隔墙墙面设计与施工的关键点

材质分类

C 形轻钢龙骨
一般用于装饰材料，如矿棉板、硅酸钙板和硅酸钙板

U 形轻钢龙骨
U形轻钢龙骨为承重型龙骨，一般用做纸面石膏板吊顶或隔墙

卡式龙骨
主要用做隔墙基层

轻钢龙骨
广泛应用于现代工业，包括商业空间、办公空间、家居空间

钢结构

轻钢龙骨选购技巧。
①观察龙骨表面有无铁锈，铁锈后续会因受力不均出现墙面裂缝问题。
②选择合适的龙骨规格。
③检查轻钢龙骨镀锌工艺，保证产品防潮性。
④观察产品表面的"雪花"，图案清晰、手感较硬、缝隙较好为优。

空心黏土砖
多用于非承重结构墙体

混凝土空心砖
无污染、节能降耗，正是当代所需要的绿色环保建材

陶粒砖
综合强度、防火性能、耐风化等各项功能优

砌体结构

加气混凝土砖
加气砖容重轻，具有保温、隔热、隔音、易加工等特点

环保轻质混凝土砌块
隔热性好、寿命长、抗水性好，重量轻，可有效减低建筑物的荷载

施工工艺

钢结构隔墙与砌体结构隔墙因材料特性不同，施工工艺分为钢结构与砌体结构。钢结构既可填充岩棉做基层，也可以干挂或粘贴墙面饰面材料，砌体结构一般用于做墙面基层。

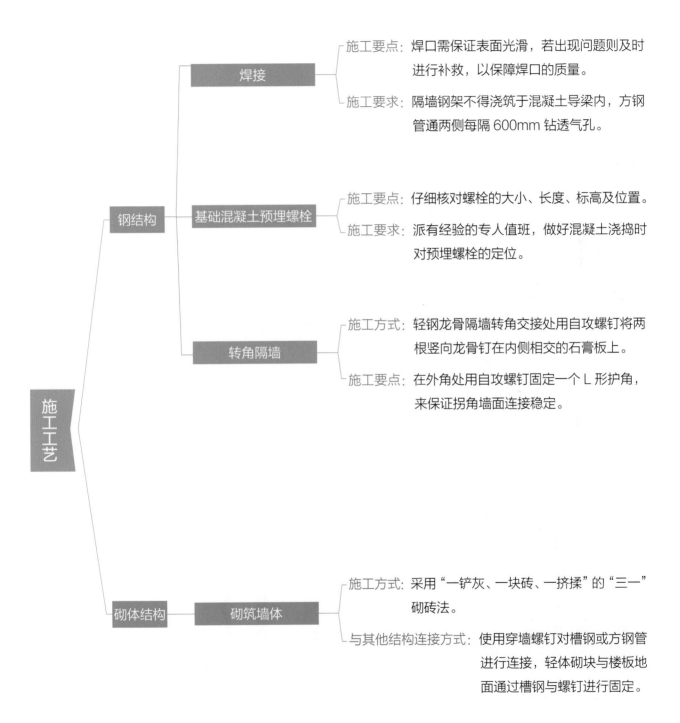

施工工艺

钢结构

焊接
- 施工要点：焊口需保证表面光滑，若出现问题则及时进行补救，以保障焊口的质量。
- 施工要求：隔墙钢架不得浇筑于混凝土导梁内，方钢管通两侧每隔600mm钻透气孔。

基础混凝土预埋螺栓
- 施工要点：仔细核对螺栓的大小、长度、标高及位置。
- 施工要求：派有经验的专人值班，做好混凝土浇捣时对预埋螺栓的定位。

转角隔墙
- 施工方式：轻钢龙骨隔墙转角交接处用自攻螺钉将两根竖向龙骨钉在内侧相交的石膏板上。
- 施工要点：在外角处用自攻螺钉固定一个L形护角，来保证拐角墙面连接稳定。

砌体结构

砌筑墙体
- 施工方式：采用"一铲灰、一块砖、一挤揉"的"三一"砌砖法。
- 与其他结构连接方式：使用穿墙螺钉对槽钢或方钢管进行连接，轻体砌块与楼板地面通过槽钢与螺钉进行固定。

搭配技巧

根据使用位置决定隔墙样式

　　有些隔墙不可以用于卫生间、厨房等潮湿的空间，比如轻钢龙骨隔墙因为不能贴墙砖，故不适合用于卫生间和厨房；轻体砌块隔墙因为无法承受吊柜，所以不适合用于厨房、卫生间或其他墙面有柜子的空间。

隔墙表面用饰面板装饰可以更好地融入空间，为空间增加装饰性。

用隔墙区分出淋浴区也是非常不错的方法，铺贴上瓷砖后不会破坏整体感。